JN145896

初めての人でもわかる

【入門】建設業会計の基礎知識

一般財団法人　建設産業経理研究機構 編

清文社

はじめに―本書の特徴と活用の仕方

本書は､次のような方々のために役立つ参考書としてまとめられたものです。

(1) 建設業の経理（会計）の基礎をしっかりと習得したいと考える方

(2) 建設業及び関連企業に就職された新入社員の方あるいは初めて建設業の経理（会計）に係る部署に配属された方

(3) 建設業経理事務士検定試験（４級、３級）や建設業経理士試験（２級、１級）にこれから取り組もうとする方

(4) その他、建設業の経理（会計）の全体像を概括的に知りたいと思う方

以上のような目的のために執筆されたものですから、まずは**「企業会計」の基礎知識**を学び、その土台の上に「建設業の経理（会計）」を体系的に載せていく方法で解説しています。基礎的だからといって、必ずしもやさしいことだけを説明するのではなく、建設業にかかわる業務のために不可欠な基礎知識をしっかりと取り込むようにしました。

本書の全体構成を概括的に説明しておきましょう。

第１部　企業経営で求められる“質”の高い会計情報とは

第２部　身につけよう！〔簿記・会計〕の基礎知識

以上は、企業経営にとって不可欠な会計情報の意義、会計情報として開示される財務諸表（貸借対照表、損益計算書等）の意義、財務諸表を作成するための簿記の基本サイクルなどについて解説しています。**すべての産業に共通する企業会計の基礎知識**といったところです。したがって、一般的な簿記・会計の基礎知識を習得している方は、この第１部と第２部を読み飛ばしていただいて差し支えありません。

第２部にある〈練習問題〉と〈総合演習問題〉の解答は巻末に収載しています。

第３部　建設業に特有な会計にチャレンジ！

企業会計の基礎知識を前提として、建設業の経理（会計）を初めて学ぼうとする方々のために、その基礎知識を解説しています。その内容は次のとおりです。

１．建設業の特性とその会計

２．建設業特有の勘定科目

３．建設工事別の原価集計（原価計算）

４．建設業の財務諸表

以上の４つの項目を順次学んでいただくと建設業の経理（会計）の基礎講座は完了です。建設業やその関連企業で、その企業規模はさておき、おおむね、建設業の経理（会計）の業務に就いて、その企業固有の特徴や課題を加えていくことができるようになります。

建設業及びその関連企業の経営において問題となるどのようなテーマを調査・検討するためにも必要な基礎知識といってよいでしょう。

なお、この箇所の解説の最後には、建設業会計の「やさしいケース」を付け加えています。ただし、建設業会計にとって難しい課題である「収益の認識」の２つの基準である「工事完成基準」と「工事進行基準」の違いをしっかり理解するために、おのおのについての解答方法を説明しています。ご自身の関連する企業の規模にかかわらず学んでみてください。

第４部　さあ、実践！　建設業会計の展開と応用

日本の建設業は、第二次大戦後の経済環境の中で、公共工事（公共事業）政策と深くかかわって発展してきました。すなわち日本の社会資本整備（インフラストラクチャ）を担う産業としての発展です。そのような事業が国民の負担する税金を主たる財源としていることは周知のところでしょう。

このような状況から、建設業は他の産業とは区別された建設業法等の規制の中にある会計上の規定を遵守しなければなりません。企業の経営の姿を点数化する「経営事項審査」（簡略化して「経審」）もこの中に規定されています。

この第４部では、「経営事項審査」、「共同企業体（JV）」、「建設業経理検定試

験」の３つに係る会計情報の課題を簡潔に記述しています。

本書が、単に建設業の経理（会計）に直接的に関係する方ばかりでなく、建設業に何らかの関心を持たれる方々や、適切な建設企業の経営に強い関心を持たれる方々など、多くの関係者の皆様に手に取っていただけることを期待しています。

編纂関係者を代表して　　東 海　幹 夫
（一般財団法人 建設産業経理研究機構 代表理事）

初めての人でもわかる【入門】建設業会計の基礎知識
目次

第3部 建設業に特有な会計にチャレンジ！

第4部 さあ、実践！ 建設業会計の展開と応用

第1部

企業経営で求められる“質”の高い会計情報とは

1．企業価値創造の経営と会計情報

近年、**企業価値**の創造と拡充、そしてその維持を重視する経営が定着してきています。いわゆる**価値創造経営**（Value-Based Management）です。価値創造経営の進展は、一般の企業経営において尊重される重要理念であることはいうまでもありませんが、いまやそれは、国家全体のマネジメント・システムにおける構築理念ともなりつつあります。

このような環境の下で、すなわち企業価値創造の経営にとって、企業の実態を見極める姿勢と手法の活用が不可欠です。ICT（情報化）社会における経営者もしくは管理者は、マネジメントの方向を可視化する経営（Management for Visibility）を重視しなければなりません。そして、その情報の中核に**会計情報**があります。

公共事業の世界では、わが国においてもPFI（Private Finance Initiative：民間資金活用型公共投資）の事例が少しずつ進展しています。これは、国家、地方自治体等のいわゆる公的セクターにおける財政難（場合によっては財政破綻）から、民間の資金の参加を促そうとするものです。しかし、これが単に民間による資金支援だけにとどまるならば、それは本来のPFIではないと考えます。PFIには、その用語の直接的な意味よりもずっと重要な意義と手法が、その背景にあって議論されていることに気づかなければならないはずです。それは、設計、建設、維持管理、そして運営（マネジメント）にいたるすべての過程において“ビジネス”の英知が主導的に活用されなければならないからです。

このような進展の中から、VFM（Value for Money：投下資本の価値）の認識が急速にクローズアップされています。なぜならば、伝統的な公共的社会資本投資のコスト（建設、運営、資金コスト、リスク等）とPFIのライフサイクル・コストとを比較した場合、後者すなわちPFIコストが前者を下回らなければならないからです。この差額こそがVFMで、それは、国民すなわち納税者の享受する価値であり、この理念の下では、この国民（納税者）価値を極大にする投資選択が求められるはずだからです。

VFMの本格的な実践のためには、そのプロジェクトとビジネスに関わるすべてに対して、的確な**会計情報システム**を構築しなければなりません。会計がそれらの意思決定や評価の基盤システムとして活きていない限り、VFMの理念はスローガンだけに終わってしまいます。投資が、会計情報的水準に照らして効果性、経済性の観点から相当の説得力を有しているか、投資によって創生されるビジネスが、ヤードスティックである他のビジネスに比べて、十分に効率性を維持できるか、このような判定のためのコア情報が、会計情報システムから導き出されるものです。

思えば、20世紀経済の大半は、２つの世界大戦を契機としながら、世界的な拡張投資型市場の顕著な様相を特徴としたものでした。拡張のきっかけは破壊的な戦乱であることもあったし、再編・再生のための一時的な統制や規制を因とするものもありました。しかし、基調としては、各種の市場が不飽和の状態であるという環境を享受できたので、おおむね、右肩上がりの経済実態を目の当たりにすることができたのでしょう。

1980年代は、日本の高度成長が世界の象徴でしたが、そのとき欧米は、必死の体制建て直し期にありました。逆に、1990年代は、わが国のバブル崩壊と取り代わるようにして、米国経済におけるITをフル稼動させた高揚期が象徴的でした。

この時代、競争戦略の形成に成功する企業もしくは業界は、環境の変化に迅速に対応して、価値連鎖の分析とそれを基礎とした経営の再構築（re-engineering）に的確に反応するものであるとされました。20世紀経済を市場不飽和の状況として特徴づけましたが、21世紀の経営では、市場飽和からの革新的な変身と機構・仕組みの再構築に対して、必要な新しい経営理念とその具体化が不可欠ではないでしょうか。

建設業も、まさにこのような改革等を取り込んでこそ、日本経済のリーディング産業としての役割を高めていくのではないでしょうか。会計情報を十二分に活用する典型的産業に成長することを期待しています。

少しマクロ的で難しそうな話から始まりましたが、本書の「建設業会計」を学び始めることにとって、大切な認識とご理解ください。この後は、会計情報を理解し活用するための、基礎知識を解説します。やさしい表現ですから、気楽に読み始めてください。

２．企業の財政状態と経営成績

⑴　企業活動の意義

そもそも「企業」は、何のために社会に存在するのでしょうか？

大変難しい話ですが、近年の経営学研究では、まず第一に「**社会貢献**」を挙げるべきでしょう。社会は個人の集合体として形成されますが、これは共同社会といって社会の一員として共同的にコミュニティ等を構築して、個々の価値観や生き方等を尊重する社会です。しかし、共同社会においては、個々人の活動を支える経済活動が不可欠です。共同社会に対して経済社会と呼ばれています。

経済社会は、一般的には「企業」という擬制的な存在を許容します。個々人の集団としての企業では、統一的な目的のために向かう効果的で効率的な行動が求められます。目的を達成するための組織は、私企業か公企業かにかかわらず、いずれも、社会において何らかの貢献をする組織であれば、意識的か無意識的かにかかわらず、その存在が容認されていきます。したがって、企業活動の意義は、まずは社会貢献の存在にあると考えるべきでしょう。ただし公企業は、私企業とは異なった貢献目的を有していますので、ここでは、営利の追求を許容される私企業であって、法人組織としての株式会社を意識して、今後の話をつづけていくことにします。

企業（私企業）は、営利を目的として企業目的に向かって統一的に経済行動を行う経済単位といえましょう。したがって、一般的な企業活動の意義には、必ず「**営利目的**」が挙げられます。営利とは「もうけを得る」ことと理解します。

次に、企業はどのように誕生するのでしょうか？

企業は、その企業活動の将来に期待している人たちが、自分たちの「お金」を出し合い、その「お金」をもとにして誕生します。この行為は「出資」と呼ばれます。この企業の誕生のことを設立といいます。企業の設立にあたって「お金」を出し合った人たちは出資者ですが、株式会社の場合には「株主」と呼んでいます。

そして、企業が「もうけを得たとき」は、株主に対し、出資してくれた分に応じて成果の分配をします。この分配のことを「配当」といいます。

このように、株主のためにも「企業はもうけを得る」行動を的確に選択することが大切になります。このような状態は、一過性のものでなく、継続的で成長的である必要があります。

企業は、そこで働く人々（従業員等）によって構成されています。従業員等の生活は、通常は、その企業からの給料で成り立っています。従業員たちにとって、企業活動の盛衰は重要な利害関係の要素です。

また、企業を継続的に営んでいくためには、モノを売ったり、モノを買ったり、ときにはお金を借りたりなど、多くの他の組織に支えられ、適切な関係を維持しながら日々の活動を行っています。企業活動は、他者にも良い影響を与えるように活動を選択しなければなりません。

このように、企業には、多くの利害関係者がおり、これらの関係者のために「もうけを得る」こと、そのための「稼ぐ力」が必要なのです。

企業は、営利活動の連鎖によって、継続的に成長して、この結果が「社会への貢献」へとつながっていくものです。

⑵　出資と経営の分離

企業活動の典型は、株式会社の活動によって支えられています。前述したように、企業活動の開始には、出資者である株主の資金の拠出によって始まります。株式会社の「株主」は会社にとっての生みの親といえましょう。そして、出資者（株主等）は、いつも企業経営の結果を心配しています。

他方、実際の企業経営は、出資者の集団（株式会社の株主総会）において選出した経営者によって遂行されます。経営者は、出資者から委任された企業経営の結果を、定期的に出資者に報告する義務を負います。これを**会計報告責任**（**Accountability：アカウンタビリティ**）と呼んでいます。企業経営の中核にある大事な概念です。

会計報告責任を的確に実施するために、企業は、株主に対して定期的な報告を行わなければならないことが、法律によって定められています。

その報告の基本となる内容は、一般的には次の２つで行います。

① 企業の一定時点での姿や体調を報告します。このことを「財政状態」に関する報告といいます。具体的には、「いま、企業にどれだけのお金やその他の財産があり、対してどれだけの返済すべき債務があるか」といったことです。これを一定の形式で一つの表にしたものが、次に説明する「**貸借対照表**」です。

② 企業が一定期間において頑張った仕事の成果を報告します。このことを「経営成績」に関する報告といいます。具体的には、「今年は、企業はどれだけの売上をあげて、最終的にどれだけもうけを得ました」といったことです。これを一定の形式で一つの表にしたものが、次に説明する「**損益計算書**」です。

企業からこれらの報告を聞いた出資者（株主等）は、企業全体の力や安定度などを判断します。それによって、引き続き出資者でいるかどうかといった判断をするものです。また、出資者（株主等）ばかりでなく、従業員や取引関係者、さらに税金の徴収機関等が、企業からの会計情報の開示に重要な関心を持っています。

会計情報の開示という制度が、いかに企業経営の根幹にあるかを理解してください。

３．貸借対照表(B／S)と損益計算書(P／L)

企業が出資者（株主等）に対して行う報告は、「財務諸表」という報告書にまとめられ実施されます。実務で決算書と呼ばれるものを外部への報告書という形式に整理したものです。具体的な内容としては、「財政状態」については

「貸借対照表」という書式にまとめられます。また「経営成績」については「損益計算書」という書式にまとめられます。２つの報告書について説明しましょう。

(1) 貸借対照表（B／S）

企業におけるある一定時点での今の姿や体調のことを「財政状態」といいますが、これを報告書の形式で表した書類が「貸借対照表」です。貸借対照表のイメージは、企業の体調を表す財産（積極財産と消極財産）の現況を示す一覧表といったところです。

貸借対照表は、英語で Balance Sheet というので、その頭文字をとってB／Sと略称されることもあります。

貸借対照表は、次の図のように「資産」、「負債」、そして「資本（純資産）」の３つの項目によって構成されます。

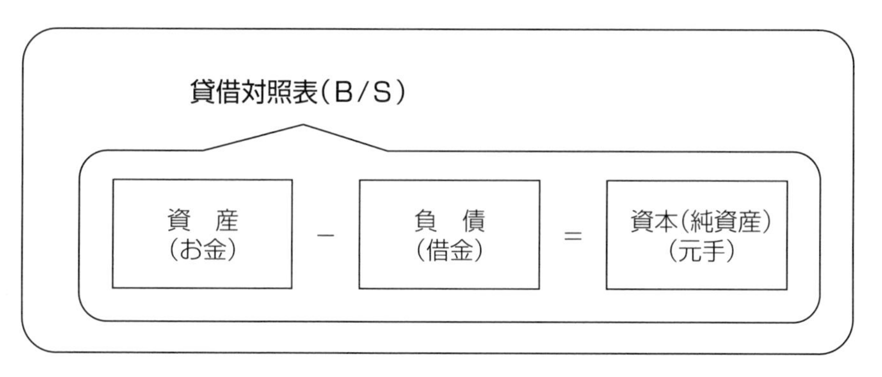

① 「資産」…企業がその時点で保有する財産というべきもので、企業のこれからの活動に活用される予定のものです。

資産は、一般的には、現金、預金、貸付金、商品などの流動資産と、建物、機械装置、器具備品などの固定資産に区分されます。

② 「負債」…企業が①の資産の保有のために他の者（銀行など）から資金の借入をして後日に返済の義務を負っているものです。

負債は、一般的には、買掛金、未払金、短期借入金などの流動負債と長期借入金、退職給付引当金などの固定負債とに区分されます。

③「資本（純資産）」…資産と負債の差額は、「資本（純資産）」と呼ばれます。これは、企業の自己資本であり、株式会社であれば株主資本というべきものです。企業活動の「元手（もとで）」と理解することも大切です。

⑵　損益計算書（P／L）

企業におけるある一定期間の頑張ってきた結果としての仕事の成果のことを「経営成績」といい、これを報告書の形式で表した書類が「損益計算書」です。損益計算書のイメージは「会社の成績表」です。損益計算書は英語でProfit and Loss Statementというので、その頭文字をとって「P／L」と略称されることがあります。

損益計算書は、次の図のように「収益」と「費用」という２つの項目によって構成されますが、２つの差額である「利益（あるいは損失）」が計算の結果として表示されなければなりません。

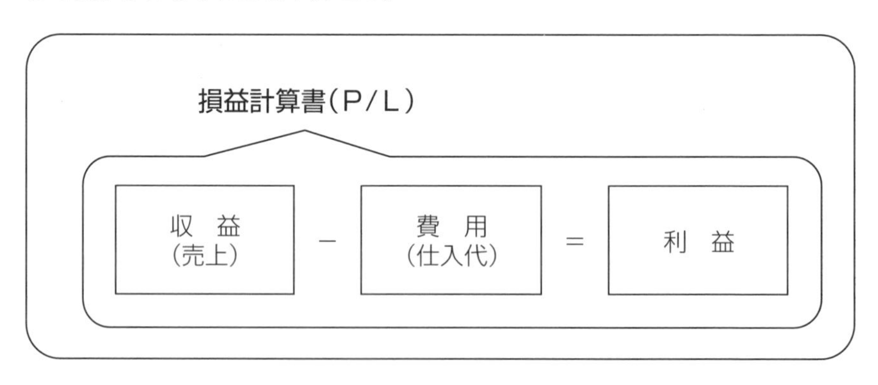

①「収益」…企業活動の成果として得た対価で、次の費用を回収する財源でもあります。前述の資本（元手）を増やす源泉ともいえます。収益の代表は「売上（売上高）」です。

②「費用」…収益を得るために必要な支出です。元手を減らす原因でもありますが、その金額以上に収益を獲得する必要があります。

費用の代表は「売上原価（仕入原価）」、「給料」、「交通費」、「通信費」などです。

4．複式簿記の意義とその基本用語

それでは、貸借対照表（B／S）と損益計算書（P／L）がどのようにして作成されるのかについて説明しましょう。

企業の日々の経済活動について会計数値を使って記録する方法は「簿記」と呼ばれますが、企業会計に使用される簿記は、「複式簿記」という少し進んだ技法を使います。また、建設業に適用される簿記は、「建設業簿記」といってよいでしょう。

(1) 簿記の意味

会計の基本的な機能を説明する用語に、「計入制出」と「計出制入」という語があります。「計入制出」は「入るを計って出ずるを制す」と読み、「収入の範囲内でやり繰りして損を出さないように気をつけましょう」といった意味です。これが企業会計の本質を表しているといわれています。これに対して、「計出制入」は「出るを計って入るを制す」と読み、「どのような支出が必要だから、それを回収するための適切な収入を確保しましょう」といった意味です。これは国家や地方自治体のような公的機関の会計を表しているといわれています。

いずれにしても、国家であれ企業であれ家庭であれ、収入と支出を管理するために記録しておくことが不可欠です。これらの記録するノートは、一般的に「帳簿」と呼ばれます。そして、この帳簿記入の技法が「簿記」であり、企業会計に利用される簿記は、少し高度な「複式簿記」といわれる技法を使います。当然、その記録の方法には一定のルールがあり、そのルールを知ることが簿記の学習ということになります。

(2) 簿記の重要性

企業活動の目的は前述しましたが、企業の日々の経済活動は、常に網羅的に記録していく必要があります。日記をつけるようなものですが、日々の出来事を完全に記録する必要があります。そして大切なことは、このような記録を使って、後日にまとまった財務諸表（貸借対照表と損益計算書）に整理できなければなりません。

たとえば、建設業においても、請け負った工事の状況はすべて記録され、発注者から受領した請負代金と対比できるようにします。それらの記録を集計、要約する形で、財務諸表としての貸借対照表と損益計算書が定期的に作成されます。

出資者（株主等）や経営者は、これらの帳簿記録や財務諸表を通じて、企業の経済活動の内容を的確に知り、将来の方針を立てることが可能になります。

⑶　取 引

企業が行う日々の活動のうち、企業の財産に増減や変化をもたらすものとそうでないものとがあります。仕事の契約書を交わしただけであれば、これは後者ですが、この契約書に基づいて仕事の対価を獲得する権利が生ずれば、これは前者という理解になります。企業の財産に増減や変化をもたらすものを、簿記では「取引」といいます。

単なる約束や契約だけの場合、簿記では取引となりません。一般的な取引とは意味が違うので注意しましょう。

取引例：工事で使う材料を買った。
外注先から出来高にあった請求書を受け取った。
工事が完成したので発注者に引き渡した。

⑷　会計期間

企業の活動は継続して行われるので、一定の期間を区切って報告書を作成します。この区切られた一定の期間を「会計期間」といいます。一般的な企業では、会計期間を1年間としている会社が多く、会計期間の初めを「期首」、途中を「期中」、終わりを「期末」といいます。

また、現在の会計期間を「当期」、当期の次の会計期間を「次期」、当期の1つ前の会計期間を「前期」といいます。

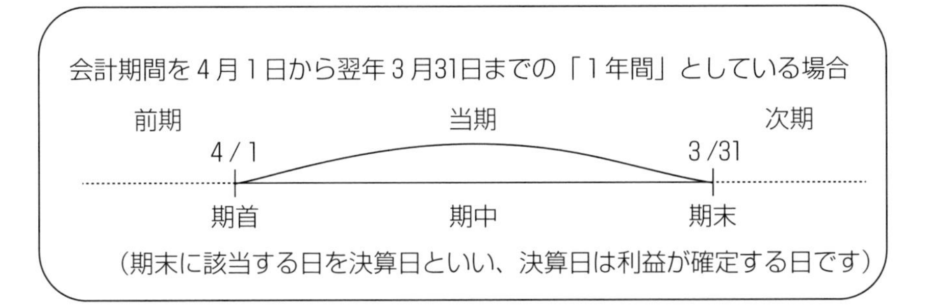

(5) 単式簿記と複式簿記

家庭で使う収入や支出を管理するために記録しておくノートが家計簿です。この家計簿はどのようなルールで記録する帳簿なのかというと､収入として「お金が増えました」を記録しておき、支出として「お金が減りました」を記録しておき、その差額として「お金の残高」を管理するための帳簿です。小遣い帳も同じでした。

このように「お金の増減」という結果のみを帳簿に記録する方法を「単式簿記」といいます。

単式簿記のイメージ

収入（お金の増加）	支出（お金の減少）	残高（今あるお金）
10,000	0	10,000

これに対して、会社で使う帳簿に記録するときのルールは、単式簿記と同じく「結果」としての「お金が増えました」と「お金が減りました」は、もちろん記録しておきますが、これに加えて､「なぜお金が増減したのかという理由」についても、同時に記録することが必要となります。そこで、「結果」である「お金が増えました」と「お金が減りました」はもちろんのこと、さらに同時に、その「理由」である「お金が増えた原因」と「お金が減った原因」を記録

する方式が開発されました。

このように「１つの取引を“結果”と“理由（原因）”の２つの側面に分けて、同時に帳簿へ記録する方法」を『複式簿記』といいます。

複式簿記のイメージ

左		右	
どうなった！（結果）		なんで？（理由・原因）	
お金の増加	10,000	売上（現場工事の完成）	10,000

企業会計では、この複式簿記をすべての企業が採用します。

(6)　企業会計と簿記

簿記によって、企業の経済活動を帳簿に継続的に記録し、それらの記録をもとに報告書である貸借対照表と損益計算書が定期的に作成されます。そして、その報告書が出資者（株主等）に報告されます。これら一連の流れを「会計」といいます。

会計の基礎となる情報は、簿記によって作成されます。

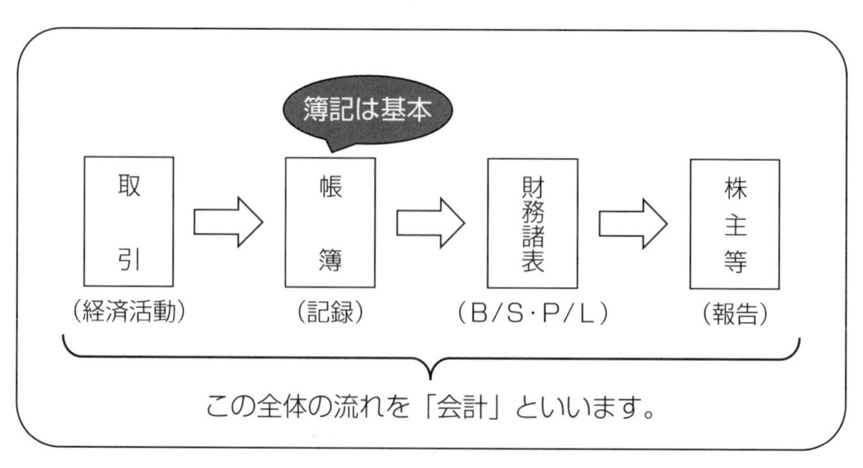

簿記は会計の基本で、とても大切な知識です。

第2部

身につけよう！
〔簿記・会計〕の基礎知識

Ⅰ 会計情報を作成する簿記の基本サイクル

1．複式簿記の基本サイクル

企業会計の目的を概観しましたので、次は、**複式簿記システムの基本サイクル**を学びます。

期間損益計算において会計期間の財務諸表を作成するためには、複式簿記という画期的なルールに基づいて、次のようなプロセスが必要になります。ただし、現代の情報化社会では、ICT の活用によって、下のような手順が必要ではなく、その整理ためのソフトが利用されていることをお断りしておきます。あくまで、簿記の基本サイクルの原理を学ぶことが肝要です。

取引 ― 仕訳 ― 勘定記入 ― 試算表・精算表 ― 財務諸表 へ

次に、以上の各項目を一つひとつ解説していきます。いよいよ簿記の技法(会計の土台）の勉強に入ってきましたから、がんばって勉強しましょう。

2．企業簿記における「取引」の意義

⑴　複式簿記の「取引」

企業会計の目的である貸借対照表と損益計算書を作成するには、企業において発生する様々な出来事を一定のルールに従って規則正しく整理しなければなりません。この整理作業に最も適しているのが、複式簿記システムです。

企業において毎日生ずる出来事のうち、資産・負債・資本に増加や減少の変化をおこさせる事柄を、簿記では「**取引**」と呼んでいます。収益と費用の発生は、資産などの増減を伴いながら、最終的には資本の増減としてまとめられます。

一般にいう取引の概念と簿記上の取引の概念は、次の図のようにまとめられます。

〈一般の取引〉

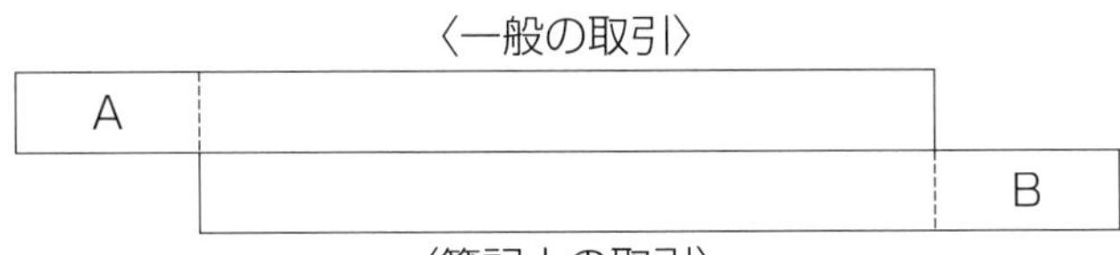

〈簿記上の取引〉

A：商品の売買契約、土地・建物の賃貸借契約など

B：盗難・紛失・災害などによる財産（資産）の滅失

ビジネスでよく使う「取引」の用語とは、少し異なっていることを知ってください。

(2)　取引の二面性（二重性）

複式簿記では、すべての取引を２つの要素から成り立っていると考えて整理します。これを**取引の二面性**あるいは**二重性**と呼んでいます。

たとえば、「銀行に普通預金として¥50,000を預けた」という出来事（取引）を考えてみましょう。取引の二面性（二重性）とは、これについて、次のように二面（二つの事象）を考えることです。

a．金庫の中の現金が¥50,000減少した。

b．普通預金が¥50,000増加した。

これこそが**複式簿記**というものの基本原理です。

(3)　取引要素の結合関係

取引を構成する要素（取引要素）は、全部で８つあり、これを**取引の８要素**と呼んでいます。しかし、これらのすべてが、組み合わせをもつ可能性があるわけではなく、次の図のように、左側の４つの要素と右側の４つの要素とが結合して、一つの取引を説明するのが、取引です。

〈取引要素の結合関係〉

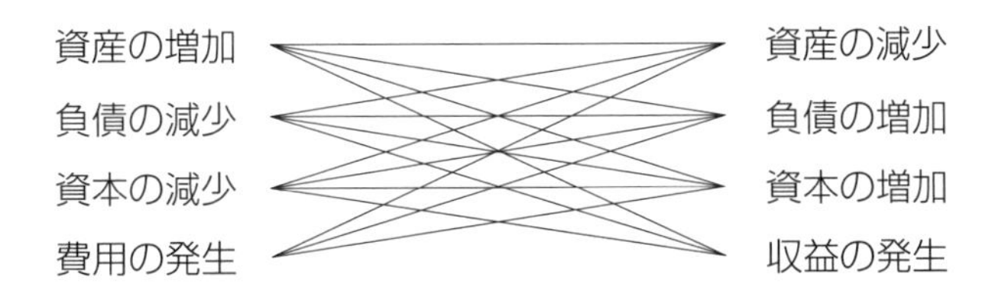

〈練習問題〉

(1)　次の事項のうち、簿記上の取引となるものに○印を、取引にならないものに×印を（　）の中に記入しなさい。

1．（　）火災によって、倉庫￥500,000を焼失した。

2．（　）事務用机・椅子を￥380,000で購入した。代金は月末払いとした。

3．（　）現金￥60,000が盗難にあった。

4．（　）月給￥45,000の約束で店員を雇った。

5．（　）広告料￥30,000を現金で支払った。

(2)　次の取引について、取引要素の結合関係を示しなさい。

（例）　銀行から現金￥100,000を借り入れた。

(1)　給料￥65,000を現金で支払った。

(2)　備品￥250,000を購入し、代金は現金で支払った。

(3)　現金￥1,000,000を元入れして、営業を始めた。

(4)　借入金￥350,000を利息￥1,500とともに、現金で支払った。

(5)　建設資材売買の仲介をして、手数料￥8,000を現金で受け取った。

（例）	資産（現金）の増加		負債（借入金）の増加
(1)			
(2)			
(3)			
(4)			
(5)			

3．日々の活動を記録する―「仕訳帳」

(1)　勘定科目の意義

取引を構成する要素とその結合関係を**2．**で勉強しましたが、これだけでは簿記の処理をすることはできません。各取引要素の内容は多様ですから、これらの一つひとつに名前をつけます。これを勘定科目といいます。この段階で知っておいてほしい勘定科目を例示すれば、次のようになります。

〔取引要素〕〔勘定科目〕
＜資　産＞　現金、当座預金、普通預金、貸付金、未収金、土地、建物、備品、車両運搬具など
＜負　債＞　借入金、未払金、預り金、前受金など
＜資本(純資産)＞　資本金など（過去に蓄積した利益もここに含まれます）
＜収　益＞　売上、完成工事高、受取報酬、受取手数料、受取利息など
＜費　用＞　売上原価、完成工事原価、給料、交通費、通信費、消耗品費、広告費、支払家賃、支払利息など

勘定科目は、産業や企業によって異なります。みずからの企業にとって適切なものを設定することが大切です。

⑵　仕訳をする

時々刻々と発生する取引について、取引要素の結合関係を、具体的に勘定科目で表現し記録しておくことを、「**仕訳をする**」といいます。別の表現をすれば、仕訳をするというのは、発生する取引を日記に書くように順序よくまとめておくことだと理解しておくことです。したがって、仕訳には３つの不可欠なデータが必要です。すなわち、日付、２つの勘定科目、金額です。

例示すれば次のようになります。

〔例〕　５月25日、普通預金から￥50,000を引き出した。

［仕訳］

５／25　(借)現金　50,000　　(貸)普通預金　50,000

勘定科目の左側に(借)、右側に(貸)という語を付しましたが、これは、**借方**と**貸方**の略語で、ここでは、借方は左側、貸方は右側という意味をもつだけと覚えておくだけでよいでしょう。

⑶　仕訳をしてみよう

それでは、いくつかやさしい事例で仕訳を説明してみます。

[例①]　現金￥80,000を元手に工務店を開業した。

(現　　金)	80,000	(資　本　金)	80,000

資　産
＋

資本(純資産)
＋

[例②]　銀行より現金￥70,000を借り入れた。

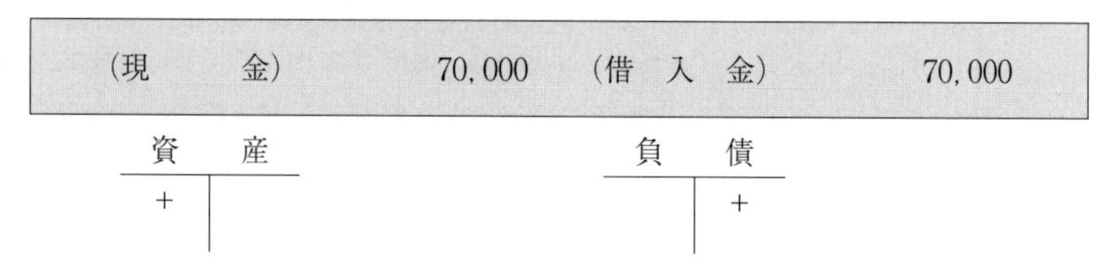

[例③]　銀行の借入金のうち￥35,000を現金で返済した。

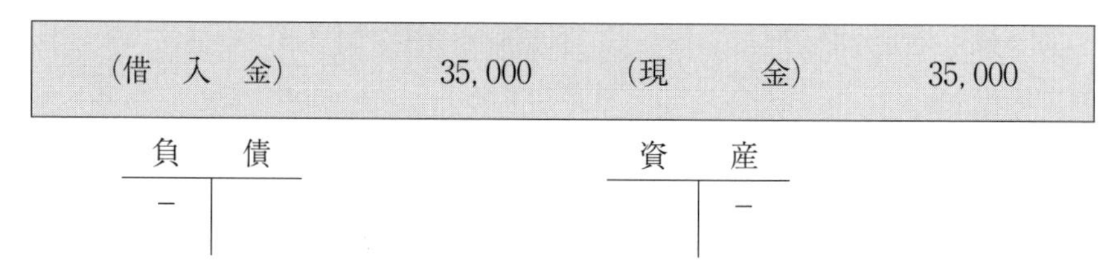

[例④]　工事が完成したので発注者へ引き渡し、代金￥120,000を現金で受け取った。

(現　　金)	120,000	(完成工事高)	120,000

資　産
＋

収　益
＋

[例⑤]　建材店より材料￥40,000を現金で買い入れ、現場へ搬送した。

（材　料　費）	40,000	（現　　金）	40,000

費	用
＋	

資	産
	－

前述した「資産の増加」、「資産の減少」、「負債の減少」などといった内容も、おのおのについて確認してみてください。なお、仕訳の下に英語のTの字を示して、その中に(＋)か(－)を記入していますが、これは、簿記独特の数値の集計場所で、「勘定」あるいは「T字勘定」と呼ばれるものです。この右か左に仕訳した数字を記入して、それらの勘定科目の「残高」(加減した差し引きの金額) を計算するためのものです。

詳しくは、後述する『4．項目別にまとめる－「総勘定元帳」』の「(1) 勘定の意味」で学んでください。

(4) 「仕訳帳」

仕訳は企業の日記帳といいましたが、複式簿記のルールに従って1冊のノートにまとめておきます。これを「仕訳帳」といいます。日々刻々の企業活動の状況が整理されています。簿記の基本サイクルの原点といえましょう。ここで誤った処理をすると後々に重大なミスにつながっていきますから、記入には十分に注意をしてください。

〈練習問題〉

次の取引の仕訳をしなさい。

4月5日　現金￥800,000をもって事業を開始した。
　　6日　普通預金口座を開設して、現金￥300,000を預け入れた。
　　8日　事務用の備品￥380,000を買い入れ、代金は現金で支払った。
　　10日　郵便切手￥28,000を買い、代金は現金で支払った。
　　15日　広告料￥50,000を現金で支払った。

16日　友人から現金￥200,000を借りた。

20日　給料￥180,000を現金で支払った。

26日　普通預金から現金￥200,000を引き出した。

28日　取引先のＡ社に現金￥100,000を貸した。

30日　手数料￥240,000を現金で受け取った。

	仕　訳			
	借方科目	金　額	貸方科目	金　額
4／5				
4／6				
4／8				
4／10				
4／15				
4／16				
4／20				
4／26				
4／28				
4／30				

仕訳は、複式簿記システムをマスターするための入口のようなものです。たくさん練習してください。

４．項目別にまとめる―「総勘定元帳」

(1)　勘定の意味

仕訳は、取引の順序に従って記録した日記のようなものですから、これを同一の項目別にまとめ直す必要があります。資産、負債、資本、収益、費用をさらに細分化した勘定科目別に集計計算する場所を**勘定**（account, a／c）と呼んでいます。実習用には、次のような様式の勘定を利用するとよいでしょう。

現	金
（借方の金額を記入する場所）	（貸方の金額を記入する場所）

下で説明する転記のルールに従って記入されると、各勘定は原則的に次のような結果になります。

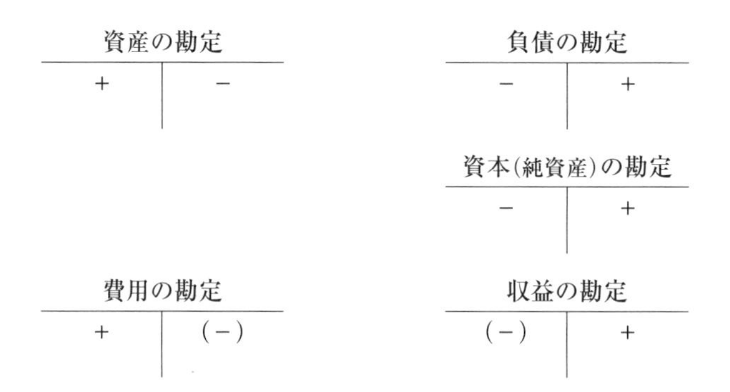

(2)　転記の意味

仕訳→勘定記入の作業を、簿記では**転記**をするといいます。手作業による帳簿作りの時代には、この作業は大変な労働力と注意力を必要としましたが、コンピュータ会計の時代では、転記作業を原因とする記帳ミスは、全くなくなったといってよいでしょう。ただ、簿記の原理を体でおぼえるためには、この転記作業を実際にやってみることが効果的です。具体例で勉強しましょう。

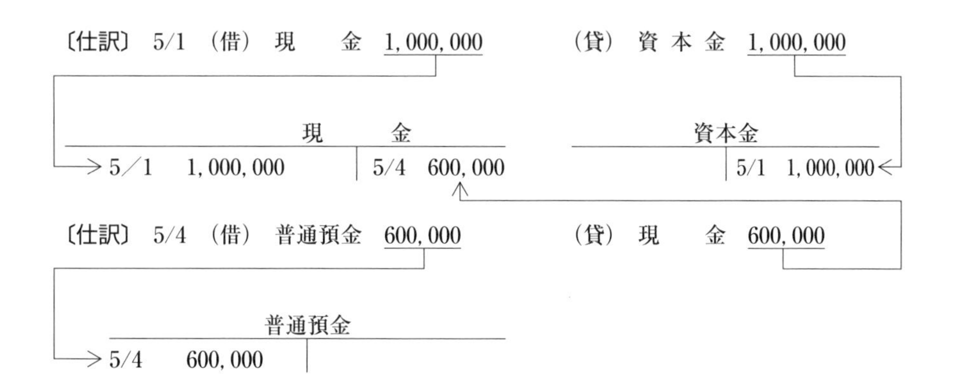

(注)　日付と金額の間には、相手の勘定科目を記入するのが正式ですが、見やすさのために省略しています。

〈練習問題〉

次の取引の仕訳をして勘定(略式)へ転記しなさい。ただし、勘定記入は金額のみでよい。

10月１日　現金￥500,000を元入れして開業した。
２日　父より￥200,000を借りた。
３日　事務用机・椅子￥250,000を買い入れ、代金は現金で支払った。
８日　顧問先Ａから、報酬￥100,000を現金で受け取った。
12日　青山銀行に普通預金口座を開設し、￥100,000を預け入れた。
18日　顧問先Ｂから、報酬￥50,000が銀行口座に振り込まれた。
24日　顧問先Ｃに行った。その際、交通費として￥7,000を現金で支払った。
29日　事務所の本月分の家賃￥20,000を現金で支払った。

	借方科目	金　額	貸方科目	金　額
10／１				
10／２				
10／３				
10／８				
10／12				
10／18				
10／24				
10／29				

現　　金	

普通預金	

備　　品	

借 入 金	

資 本 金	

受取報酬	

交 通 費	

支払家賃	

〈練習問題〉

次の勘定記入を参照して、３月中に生じた出来事（取引）を日付順に説明しなさい。

現　　金

借方		貸方	
3/1	1,000,000	3/5	450,000
3/8	600,000	3/12	800,000
3/10	280,000	3/15	45,000
		3/22	140,000
		3/23	25,000
		3/30	260,000

普通預金

借方		貸方	
3/12	800,000		

備　　品

借方		貸方	
3/5	450,000		

借入金

借方		貸方	
3/30	250,000	3/8	600,000

資本金

借方		貸方	
		3/1	1,000,000

受取報酬

借方		貸方	
		3/10	280,000

給料

借方		貸方	
3/22	140,000		

交通費

借方		貸方	
3/15	45,000		

通信費

借方		貸方	
3/23	25,000		

支払利息

借方		貸方	
3/30	10,000		

〈出来事（取引）の説明〉

3月1日	
3月5日	
3月8日	
3月10日	
3月12日	
3月15日	
3月22日	
3月23日	
3月30日	

(3)　総勘定元帳

日々の取引の結果を記録した「仕訳帳」の結果は、前述したように項目別に「総勘定元帳」にまとめられます。この2つのノートを「帳簿」といいます。簿記は、「帳簿記録」とか「帳簿記入」の略語だともいわれています。

「総勘定元帳」は、すべての会計上の出来事（取引）を、性質の異なった項目別に集計する帳簿で、これによって、「いま現金や預金はいくら残っているか」、「今月はいくら売り上げたか」、「給料は全部でいくら支払ったか」などの結果を計算することができます。このような状況を計算することを、「帳簿残高」を計算すると呼んでいます。

現代の情報化社会（ICT社会）では、ここまでの段階を手計算や手書きで実施することはほとんどありません。大企業ではオフコンの中に取り込まれますし、中小でもパソコンで整理しています。ただし、簿記の勉強では、この過程を大事な原理として知っておくことが肝要です。公認会計士や税理士などの会計プロフェッション（会計専門職）の方々でさえ、いまでもこのような原理は、本業における基本知識の一つであるといえましょう。

5．月々の結果をまとめる―「試算表」

(1)　試算表の機能

「**試算表**」（Trial Balance, T／B）は、総勘定元帳への勘定記入が正しく行われたかどうかを確認するために作成される集計表であるといわれています。コンピュータを利用した簿記の場合には、「借方と貸方の項目を取り違えて記入してしまったので、試算表が合わない」などという現象は、ほとんどあり得ません。したがって、試算表は、現代的には、ある期末における企業の財務的状態の大要を知る、という機能をもっていると理解した方がよいでしょう。そして、これから後に解説する「精算表」を作成する基礎データとなるのです。

⑵　試算表の種類

試算表は、勘定記入の状況のうち、借方と貸方を別に集計し「合計」として確認する「合計試算表」と、両者の差額である「残高」のみで貸借のバランス（残高）を確認する「残高試算表」があります。残高試算表に表示される残高は、次に説明する精算表のスタートとなる金額です。

また、合計も残高も一覧にして表示するものを「合計残高試算表」と呼んでいます。

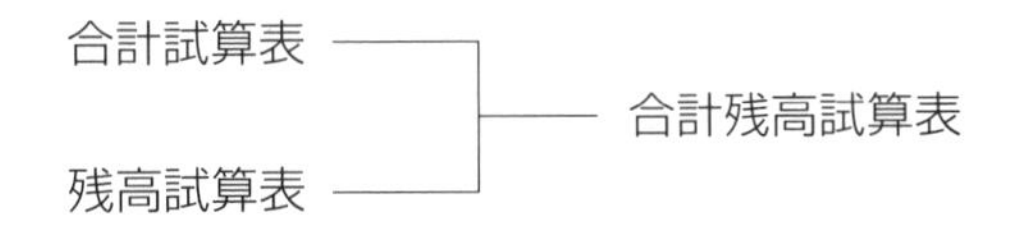

⑶　試算表の作成原理

試算表は、総勘定元帳に記録したすべての数値を集計して、一覧表としての試算表を作成します。

作成の原理は、借方に記入した数値は、その合計を試算表に示された当該勘定科目の借方に記入し、貸方に記入した数値は、その合計を試算表に示された当該勘定科目の貸方に記入することです。

なお、各勘定・勘定科目の右肩にある数字は、元帳のページを示しています。

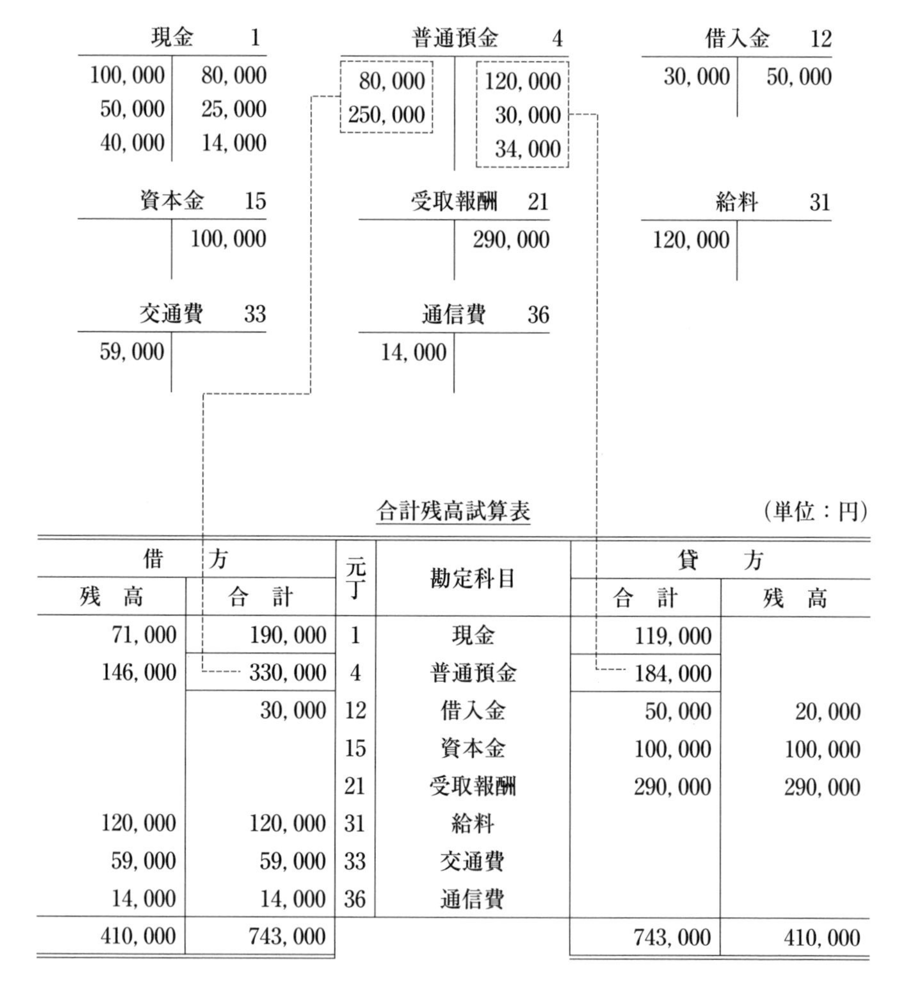

合計残高試算表　(単位：円)

借方		元丁	勘定科目	貸方	
残　高	合　計			合　計	残　高
71,000	190,000	1	現金	119,000	
146,000	330,000	4	普通預金	184,000	
	30,000	12	借入金	50,000	20,000
		15	資本金	100,000	100,000
		21	受取報酬	290,000	290,000
120,000	120,000	31	給料		
59,000	59,000	33	交通費		
14,000	14,000	36	通信費		
410,000	743,000			743,000	410,000

内側の「合計」欄は、各々の勘定の借方は借方の合計、貸方は貸方の合計を記入したものです。

外側の「残高」欄は、各々の勘定の借方と貸方の差額であり、これはすなわち試算表の内側の合計の差額でもあります。

「合計」欄と「残高」欄の最後の行の合計が、ピッタリと合っていることを確認しましょう。

〈練習問題〉

(1)　次の合計残高試算表では、全部の金額欄が埋まっていないのでこれを完成しなさい。

合計残高試算表　　(単位：円)

借方		勘定科目	貸方	
残　高	合　計		合　計	残　高
63,100	(　　　)	現　　金	213,700	
(　　　)	508,100	当座預金	398,500	
646,000	646,000	建　　物		
165,700	211,700	備　　品	(　　　)	
	336,000	借 入 金	459,000	(　　　)
	(　　　)	未 払 金	102,800	54,800
		資 本 金	650,000	650,000
		受取手数料	517,300	(　　　)
189,400	189,400	給　　料		
34,600	34,600	通 信 費		
70,200	(　　　)	交 際 費		
49,800	49,800	会 議 費		
16,700	(　　　)	消耗品費		
(　　　)	2,387,300		(　　　)	1,345,100

(2)　次の勘定記録から、残高試算表を作成しなさい。

現　金　1	
420,000	7,000
90,000	140,000
85,000	22,000
160,000	96,000
	120,000
	19,000
	17,000

売掛金　5	
150,000	90,000
240,000	160,000
200,000	

商　品　9	
200,000	150,000
170,000	180,000

備　品　13	
480,000	

買掛金　21	
140,000	310,000
120,000	170,000

資本金　25	
	?

商品販売益　31	
	90,000
	105,000

給　料　41	
96,000	

旅費交通費　43	
22,000	
17,000	

広告料　47	
19,000	

消耗品費　49	
7,000	

（勘定科目の右に書いてある数字は、帳簿のページを示しています。）

残高試算表　（単位：円）

借　方	元丁	勘定科目	貸　方
	1	現金	
	5	売掛金	
	9	商品	
	13	備品	
	21	買掛金	
	25	資本金	
	31	商品販売益	
	41	給料	
	43	旅費交通費	
	47	広告料	
	49	消耗品費	

⑶　次の期末勘定残高によって残高試算表を作成しなさい（資本金は自分で計算すること）。

現金	123,200	未収金	150,000	旅費交通費	294,100
支払利息	31,700	普通預金	487,500	受取利息	13,900
給料	410,500	未払金	48,200	通信費	124,400
受取手数料	894,300	借入金	265,000	資本金	?

残高試算表　　　（単位：円）

借　方	勘定科目	貸　方
	現　　　金	
	普　通　預　金	
	未　　収　　金	
	未　　払　　金	
	借　　入　　金	
	資　　本　　金	
	受　取　手　数　料	
	受　取　利　息	
	給　　　料	
	旅　費　交　通　費	
	通　　信　　費	
	支　払　利　息	

6．会計期間の決算をする―「精算表」

⑴　決算の意義

はじめに述べたように、簿記・会計の目的は、企業の財政状態と経営成績を表示する貸借対照表と損益計算書を作成し、的確な情報を関係者に伝達することです。簿記会計として基本サイクルとして大切なことは、一定の会計期間末に、総勘定元帳を基礎にして、精算表を活用しながら、貸借対照表と損益計算書を作成する一連の手続きを進めることです。これを「**決算**」といいます。会計期間の長さによって、年（年次）、中間、四半期、月次などの決算があるといえましょう。

なお、日本における最終的な決算は１年間を会計期間としてまとめる「年次決算」が重要です。上場会社では、この決算によって作成される財務諸表は、公認会計士による監査を受け、社会にその適正性を説明する義務があります。その他の企業でも、監査役監査等のチェックが必要で、企業の利害関係者に対する会計情報の開示には、十分な信頼性や比較可能性の確保が求められています。

⑵　決算の手続き

一般的な意味での決算は、次のような順序で実施されていきます。

①　決算予備手続き

イ．試算表の作成

ロ．棚卸表の作成

②　決算本手続き

イ．決算整理―８桁精算表の作成（期末の決算整理がなければ６桁精算表）

ロ．収益・費用の諸勘定残高の損益勘定への振替

ハ．当期純損益の資本金勘定への振替（ただし、これは個人企業の場合に限る）

ニ．資産・負債・資本の諸勘定の残高勘定への振替＜大陸式決算法＞
あるいは、その諸勘定の繰越し＜英米式決算法＞

ホ．帳簿の締切

コンピュータ会計では、この項で説明するような手続きは、コンピュータが自動的に処理してくれますが、十分に勉強しておかなければなりません。

⑶　精算表の作成原理

精算表（Working Sheet, W／S）とは、試算表から貸借対照表（B／S）と損益計算書（P／L）を作成し、これを一覧表として表示したものです。帳簿づくりとは別の作業として実施されますが、企業の現況を概観するのに大いに役立ちます。

前述の試算表から、B／SとP／Lを作成する原理は、次の図のとおりです。

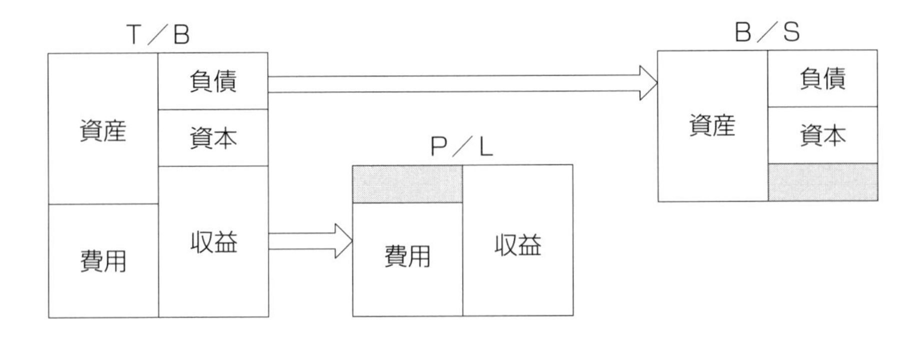

⑷　ここで大切なこと！—「純損益の確認」

上の図のように、試算表は、資産＋費用＝負債＋資本＋収益の等式が成り立っているのですから、これを真中から上下に切り離せば、B／SとP／Lが出来上がります。２つの表の左と右の段違いになった部分が、「**純利益**」で、両方の金額は絶対に一致することがわかるでしょう。精算表上では、これを「**当期純利益**」と表示します。

期末B／Sに示される当期純利益は、資本の構成要素（増加分）で、個人企業では、原則として、資本金に合算されて次期に繰り越していきます。株式会社の場合は、「利益処分」といって出資者である株主の機関である株主総会で、その処分方法を決定します。

次に、試算表から精算表を作成した結果を一覧で例示しました。B／SとP／Lの関係と、結果としての企業活動の概要をしっかりつかんでみてください。この精算表は「**６桁精算表**」といいます。次の事例で確認してください。

〈６桁精算表の作成〉

精　算　表　（単位：円）

勘定科目	残高試算表		損益計算書		貸借対照表	
	借　方	貸　方	借　方	貸　方	借　方	貸　方
現　　金	20,000				20,000	
当座預金	50,000				50,000	
備　　品	240,000				240,000	
借 入 金		70,000				70,000
資 本 金		200,000				200,000
受取手数料		630,000		630,000		
給　　料	320,000		320,000			
交 際 費	180,000		180,000			
消耗品費	90,000		90,000			
当期純利益			**40,000**			40,000
合計	900,000	900,000	630,000	630,000	310,000	310,000

「当期純利益」の科目とＰ／Ｌのその金額（ここでは40,000円）は、赤で書く習慣があります。

〈練習問題〉

(1)　次の勘定残高（×年３月31日）から、精算表を作成しなさい（単位：円）。

現金	230,000	普通預金	345,000	未収金	425,000
建物	500,000	備品	100,000	未払金	410,000
借入金	200,000	資本金	900,000	受取報酬	250,000
受取手数料	3,000	給料	124,000	通信費	12,000
支払家賃	16,000	雑費	5,000	支払利息	6,000

精　算　表
（×年３月31日）　（単位：円）

勘定科目	残高試算表		損益計算書		貸借対照表	
	借方	貸方	借方	貸方	借方	貸方
現　　金	230,000					
普通預金	345,000					
未 収 金	425,000					
建　　物	500,000					
備　　品	100,000					
未 払 金		410,000				
借 入 金		200,000				
資 本 金		900,000				
受取報酬		250,000				
受取手数料		3,000				
給　　料	124,000					
通 信 費	12,000					
支払家賃	16,000					
雑　　費	5,000					
支払利息	6,000					
当期純利益						
	1,763,000	1,763,000				

(2)　次の期末勘定残高によって６桁精算表を完成しなさい（単位：円）。

有価証券(資産)	450,000	受取報酬	4,869,000
借入金	1,130,000	広告宣伝費	607,000
現金	56,000	支払利息	128,000
旅費交通費	798,000	貸付金	150,000
前受金(負債)	291,000	普通預金	480,000
受取利息	52,000	通信費	409,000
資本金	?	備品	628,000
建物	2,890,000	消耗品費	386,000
給料	1,845,000	未払金	384,000
当座預金	239,000	支払家賃	360,000

精　　算　　表

(単位：円)

勘定科目	残高試算表		損益計算書		貸借対照表	
	借方	貸方	借方	貸方	借方	貸方
現　　金						
普通預金						
当座預金						
有価証券						
貸 付 金						
建　　物						
備　　品						
借 入 金						
前 受 金						
未 払 金						
資 本 金						
受取手数料						
受取利息						
給　　料						
旅費交通費						
広告宣伝費						
消耗品費						
通 信 費						
支払家賃						
支払利息						
当期純利益						

〈総合演習問題〉

次の一連の取引について、**仕訳**および**勘定記入**を行い、**精算表**を作成しなさい。

5月1日　資格を取得した青山一郎君は、現金¥500,000を出資して、営業を開始した。

3日　駅前の家具センターに行き、応接セットと事務机を購入した。支払いは、月末に請求書を送ってもらうことにした。代金は¥230,000であった。

6日　渋谷銀行に行き、普通預金口座を開設し、¥100,000を預け入れた。

7日　顧問先Aに行った。その際、交通費として¥15,000を支払った。

11日　Aから報酬¥80,000が銀行口座に振り込まれた。

15日　現金にて、家賃¥65,000を支払った。

20日　父から、¥200,000の借金をした。

23日　事務員の花子さんに、給料¥130,000を支払った。

25日　帳簿などの文房具を¥26,000で購入し、現金にて支払った。

26日　ガス、電気などの光熱費を支払った。代金は¥38,000であった。

28日　顧問先Bから、報酬¥450,000を受け取った。これも銀行振込であった。

29日　家具センターから請求書が届いたので、代金を普通預金口座から引き出して支払った。

30日　父に今月分の利息として、現金¥5,000を支払った。

31日　5／18に顧問先Bの役員と食事した際の請求書が届いたが、これは、6月になってから支払うことにした。金額は、¥14,000であった。

〃　顧問先Cから、当月分の報酬¥50,000が振り込まれるはずであるが、まだ入金していない。

〈仕訳〉

	借方科目	金額	貸方科目	金額
5／1				
5／3				
5／6				
5／7				
5／11				
5／15				
5／20				
5／23				
5／25				
5／26				
5／28				
5／29				
5／30				
5／31				
5／31				

〈勘定記入〉

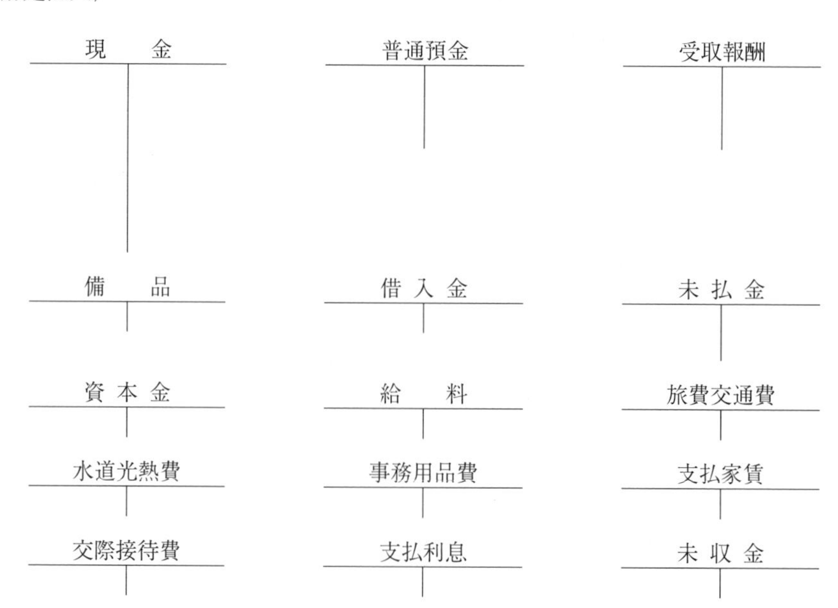

〈精算表〉

精　算　表
（×年５月31日）　（単位：円）

勘定科目	残高試算表		損益計算書		貸借対照表	
	借方	貸方	借方	貸方	借方	貸方
現　　金						
普通預金						
未 収 金						
備　　品						
未 払 金						
借 入 金						
資 本 金						
受取報酬						
給　　料						
旅費交通費						
水道光熱費						
交際接待費						
事務用品費						
支払家賃						
支払利息						
当期純利益						

(5)　決算整理

a．決算整理の意味

決算をすすめるにあたって、試算表に集計された数値が、期間損益計算にとって妥当なものであれば、これをそのまま、貸借対照表と損益計算書に区分してまとめればよいわけです。しかし、期中において、適切な仕訳と勘定記入が行われたとしても、人為的に区切った会計期間の適正な損益計算という観点から見れば、期末には、別な眼で、資産・負債・資本、そして収益・費用の諸勘定をもう一度見直してみる必要があります。

総勘定元帳に示された勘定記録を整理し、その残高を、期間損益計算にとって妥当な金額に修正する一連の手続きを「**決算整理**」といいます。また、決算整理のための勘定記入を**決算整理記入**（adjustment entries, A／E）といいます。

b．決算整理事項

簿記・会計の基本を習得するために不可欠な**決算整理事項**には、次のようなものがあります。商品売買業の場合の例示です。

①　商品勘定の整理
②　有価証券の評価替
③　貸倒引当金の見積りあるいは修正
④　減価償却費の計上
⑤　費用・収益の見越し・繰延べ
⑥　消耗品の整理

c．発生主義会計

期間損益計算における費用・収益を、現金の支出と収入という事実に基づいて計上する方法を、**現金主義会計**といいます。これに対して、費用・収益の計上は、それを発生させる事象の存在に基づいて各期間に帰属させるべきであるという考え方によって行う会計を**発生主義会計**と呼んでいます。

決算整理事項のうち、⑤の「費用・収益の見越し・繰延べ」の項は、現金主義会計を発生主義会計に修正する手続きといえましょう。これに準ずるものとしての消耗品の整理を加えて、設例で解説しましょう。

[設 例]

すべて「仕訳」で練習してみましょう。会計期間は４／１～３／31とします。

・費用の見越し〈未払費用〉

（例）　３／16　借入金の利息（12／17～３／16の分）¥16,280を現金で支払った。

（借）支払利息　16,280　（貸）現金　16,280

３／31　決算につき、３／17～３／31の利息¥2,900を費用に計上する。

（借）支払利息　2,900　（貸）未払利息　2,900

・費用の繰延べ〈前払費用〉

（例）　12／1　火災保険料1年分￥48,000を現金で支払った。

（借）保険料　48,000　（貸）現金　48,000

3／31　決算につき、月割で、保険料の前払分を繰り延べる。

（借）前払保険料　32,000　（貸）　保険料　32,000

・収益の見越し〈未収収益〉

（例）　2／8　貸付金の利息（1／16～2／28の分）￥14,300を現金で受け取った。

（借）現金　14,300　（貸）受取利息　14,300

3／31　決算につき、3／1～3／31の利息￥10,250を収益に計上する。

（借）未収利息　10,250　（貸）受取利息　10,250

・収益の繰延べ〈前受収益〉

（例）　11／5　顧問報酬6か月分￥120,000が、普通預金に振り込まれた。

（借）普通預金　120,000　（貸）受取報酬　120,000

3／31　決算につき、収益の前受分￥20,000を次期に繰り延べる。

（借）受取報酬　20,000　（貸）前受報酬　20,000

・消耗品の整理〈未使用消耗品〉

（例）　2／16　文房具を購入し、代金￥84,000を現金で支払った。

（借）消耗品費　84,000　（貸）現金　84,000

3／31　棚卸の結果、2／16購入の文房具￥36,000が未使用であったので、これを次期に繰り越すことにした。

（借）未使用消耗品　36,000　（貸）消耗品費　36,000

以上を整理すると、費用の見越し→未払費用（負債）
費用の繰延べ→前払費用（資産）
収益の見越し→未収収益（資産）
収益の繰延べ→前受収益（負債）
消耗品の整理→未使用消耗品（資産）　　となります。

決算整理事項というのは、以上のような５項目に限られるわけではありません。レベルの高い会計になると、次項で述べる「財務諸表」を適切なものにするために、いろいろな修正事項を含んできます。

d．８桁精算表

決算整理事項がある場合には、試算表からすぐにB／SとP／Lを作成できないので、試算表欄の次に「整理記入」欄あるいは「修正記入」欄（A／Eと略称することもある）を設け、全部で８桁の精算表を作成する必要があります。８桁精算表の構造は次のとおりです。前項の設例で取り上げた決算整理事項で解説してみましょう。

なお、ここでは、８桁精算表の構造を学ぶために、残高試算表には資産等の項目を記載していません。したがって、試算表の合計があっているわけではありません。整理記入の仕方とそれらが損益計算書と貸借対照表に移し替えられる姿を学んでください。

精　算　表　　　　（単位：円）

勘定科目	残高試算表		整理記入		損益計算書		貸借対照表	
	借方	貸方	借方	貸方	借方	貸方	借方	貸方
受取報酬		120,000	20,000			100,000		
受取利息		14,300		10,250		24,550		
消耗品費	84,000			36,000	48,000			
保険料	48,000			32,000	16,000			
支払利息	16,280		2,900		19,180			
	××××××	××××××						
未払利息				2,900				2,900
前払保険料			32,000				32,000	
未収利息			10,250				10,250	
前受報酬				20,000				20,000
未使用消耗品			36,000				36,000	
			101,150	101,150				
当期純利益					××××			××××
					××××××	××××××	××××××	××××××

８桁精算表を上記のような図表で作成してみると、次の項で述べる「財務諸表」がどのような意義をもつものか、よく理解できます。次の練習問題をしっかり学ぶことが肝要です。

〈練習問題〉

期末における次の勘定残高と決算整理事項によって、８桁精算表を作成しなさい。資本金は自分で計算すること。

―期末勘定残高―

（単位：円）

交通費	568,000	借入金	862,000	現金	45,000
支払家賃	420,000	受取手数料	2,937,000	消耗品費	295,000
通信費	302,000	備品	1,609,000	保険料	36,000
有価証券	360,000	資本金	？	受取利息	24,000
支払利息	57,000	普通預金	530,000	給料	951,000

―期末整理事項―

1．給料の未払額　85,000円
2．家賃の前払額　34,000円
3．手数料の未収額　50,000円
4．利息の前受額　14,000円
5．消耗品の未使用額　68,000円

精　算　表　　　　(単位：円)

勘定科目	試算表		整理記入		損益計算書		貸借対照表	
	借方	貸方	借方	貸方	借方	貸方	借方	貸方
現　　金								
普通預金								
有価証券								
備　　品								
借 入 金								
資 本 金								
受取手数料								
受取利息								
給　　料								
交 通 費								
通 信 費								
保 険 料								
消耗品費								
支払家賃								
支払利息								
未払給料								
前払家賃								
未収手数料								
前受利息								
未使用消耗品								
当期純利益								

7．報告書としてまとめる—「財務諸表」

簿記の基本サイクルからアウトプットされる諸情報にもとづいて、企業は、外部の利害関係者に対して、その結果を**開示**（disclosure）しなければなりません。会計期間の長さによって四半期、中間、年次でのものがあり、内容に精粗がありますが、もっとも詳細な会計情報の開示は、年次決算によって実施されます。

このような意味の報告書としてまとめられるものが「**財務諸表**」(financial statement) と呼ばれています。

これまでの説明との関係は次のような流れで理解してください。

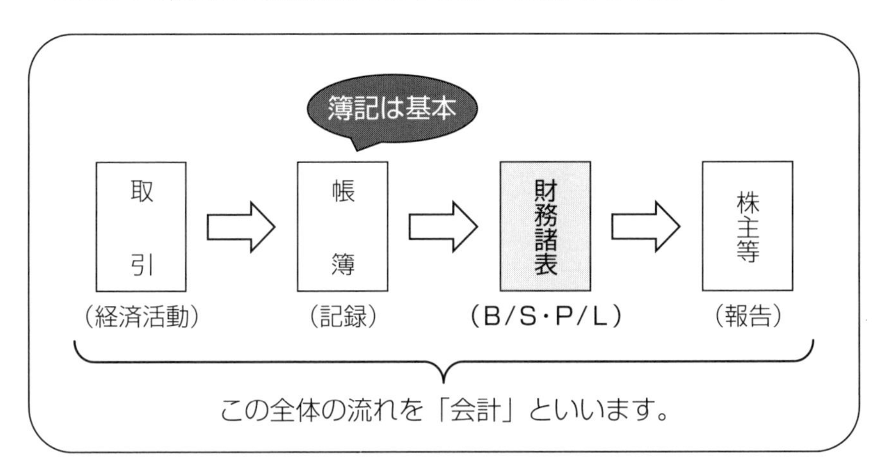

財務諸表の中心は、**貸借対照表**と**損益計算書**です。

一会計期間を終えて損益計算し、その結果が、当期純利益である場合には、資本（純資産）を増加させます。また、当期純損失である場合には、資本（純資産）を減少させます。

２つの重要な財務諸表の関係を次ページの図解で理解しておいてください。

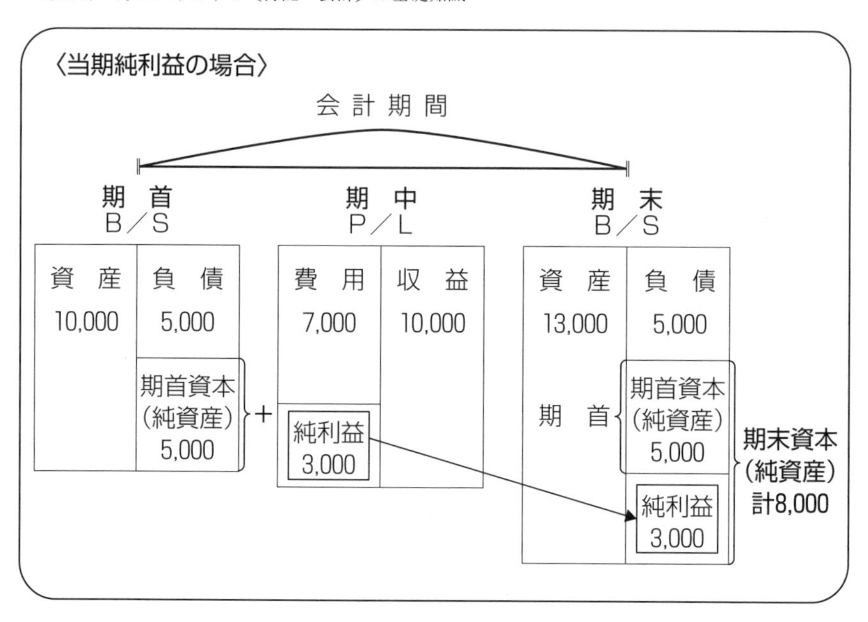

〈練習問題〉

(1)　次の空欄に適当な金額を記入しなさい。

(A)

（単位：円）

	期首			期末			純利益 (△は純損失)
	資産	負債	資本	資産	負債	資本	
(1)	710,000	280,000	イ	970,000	340,000	ロ	ハ
(2)	ニ	234,000	ホ	860,000	ヘ	570,000	△80,000

(B)

（単位：円）

	期首	期中			期末		
	資本	収益	費用	純利益	資産	負債	資本
(1)	890,000	3,860,000	3,460,000	イ	ロ	320,000	ハ
(2)	ニ	ホ	830,000	180,000	ヘ	170,000	530,000

(2)　次に示す神谷町商事（会計期間４月１日～３月31日）の会計データによって、B／SとP／Lを作成しながら、下記の設問に解答しなさい。

（単位：円）

４月１日の資産・負債					
現金	814,000	普通預金	371,000	貸付金	160,000
備品	1,470,000	借入金	520,000	未払金	840,000
４月１日～３月31日の収益・費用					
受取手数料	8,679,000	受取利息	36,000	給料	4,591,000
旅費交通費	1,207,000	通信費	738,000	消耗品費	862,000
交際接待費	343,000	租税公課	125,000	水道光熱費	257,000
３月31日の資産・負債					
現金	246,000	普通預金	?	貸付金	80,000
備品	1,520,000	借入金	950,000		

問１．期首の資本（円）　＿＿＿＿＿＿円

問２．当期の純利益（円）　＿＿＿＿＿＿円

問３．３月31日現在の普通預金残高（円）　＿＿＿＿＿＿円

8．建設業会計の「財務諸表」

ここまでは、すべての産業に共通する企業会計の基礎知識を学ぶために、建設業会計で使用する勘定科目は、ほとんど登場していません。

建設業会計で使用する勘定科目や財務諸表の様式等は、建設業法に定められています。これらの詳細は、第３部「建設業に特有な会計にチャレンジ！」で学んでください。

II コンピュータの活用

1．伝票の利用

⑴ 伝票の意義

簿記のスタートは、前述したようにまず「仕訳」をすることです。この前提となる企業の日々の取引はかなり膨大なものが多いと思います。そこで、実務では、一つひとつの取引があるつどに、これを「伝票」に記載しています。あとでまとめて１日とか１週間の試算表を作成すればよいわけです。これを仕訳集計表とか日計表などと呼んでいます。

ただし、コンピュータ会計では、伝票をインプットするだけで、必要な帳票類はすべて作成できますから、こういった表を手作業で作成する必要はありません。

前述のIでは、簿記上の取引があれば、すぐに仕訳して、これを定期的に各勘定に転記する、という簿記システムの基本サイクルを学びました。現実には、取引があれば、これを即座に記録しておく必要があるために、各種の伝票が利用されます。伝票を簿記システムの中でどのように活用していくかについては、企業の規模や業態によって様々ですが、おおよそ、次の２つの方法があります。

イ．伝票を単なる記録紙として利用する方法。ここでは、伝票から仕訳帳等の主要簿に記帳するのが、従来の簿記システムですが、コンピュータ会計では、伝票からコンピュータへのインプットを実行します。そうすれば、コンピュータがすべての主要簿と補助簿を作成してくれます。

ロ．伝票を帳簿として活用する方法。伝票を３～５枚の複写式にしておけば、ワンライティングで数枚の同一伝票を得られますから、これを切り離して、各々をまとめて綴り、仕訳帳、総勘定元帳、その他の補助簿として活用していきます。この方法を**伝票会計**と呼んでいます。

(2) 伝票の種類

一般に使用される伝票には、次のようなものがあります。

仕訳伝票：取引を普通の仕訳と同一の形式で記録していく伝票。

入金伝票：借方が現金と仕訳される入金取引を記録する伝票（赤伝）

出金伝票：貸方が現金と仕訳される出金取引を記録する伝票（青伝）

振替伝票：現金の収支を伴わないその他の取引を記録する伝票

仕訳伝票を使用する場合は、その他の伝票は不要です。入金伝票、出金伝票、振替伝票は、いつも一体となって利用します。

2．中小企業でのコンピュータ(パソコン)の活用

簿記・会計の基本サイクルを学び、そこからアウトプットされる「財務諸表」の基本的な意義まで、一般的な基礎知識を解説しました。かなりの部分は、会計情報の作成を手作業で実施することを意識しながら説明しています。それは、この基礎知識の理解には、そのような前提の方が重要な仕組みを理解できるからです。

しかしながら、企業における会計に係る業務は、大変に複雑で膨大な企業の活動を一定のルールに従って整理しなければなりません。また、個人の能力に頼った仕組みであってはならないわけです。

現代社会が情報化社会といわれてから、もうずいぶんと時間が経過しています。企業の経済的な行動は、ほとんどの業務においてコンピュータの力を借りています。これには良い面と悪い面があります。いろいろな情報が広範にしかも精緻に得られて、その活用によって、従来できなかった作業や分析が可能になりました。これからも進展すると思われる良い面でしょう。しかしながら、一部の専門的な入力にだけ携わっている人には、その作業がどのような意義があるものかという評価がしにくくなっています。また、コンピュータからアウトプットされる結果だけを見ている人は、そのシステムがどのような原理や技術を駆使しているかという本物の意義を忘れがちになりましょう。これは気を付けなければならない悪い面です。

それはそれとして、大企業は、大規模なコンピュータ・システムによって、業務の一部として会計情報を整理しています。中小企業でも、オフコンとまではいきませんが、少なくとも会計業務とコンピュータは密接に連動して会計の整理を実施しているものでしょう。

現代はコンピュータの進歩に伴いパソコンが急速に普及し、様々な会計ソフトが販売されています。ほとんどの会社では、それぞれ自分の会社に必要な会計ソフトを導入することにより、事務負担の軽減を図っていることでしょう。

それでも、どんなに会計ソフトが普及し発展しても、最初に行う「仕訳」の入力は、人の判断により行われます。「会計情報を作成する簿記の基本サイクル」で理解を深められたと思いますが、各種帳簿、試算表、そして決算書である財務諸表における「数字」は、最初に入力した「仕訳」に基づいて作成されます。また、簿記を知ればこそ、企業の財政状態と経営成績に関する理解が深まります。

コンピュータが普及した現代においても「簿記・会計」の原理を知り理解を深めることは、経営者とか従業員とかの区別なく、企業経営のためにとても大切であり必要なことになります。

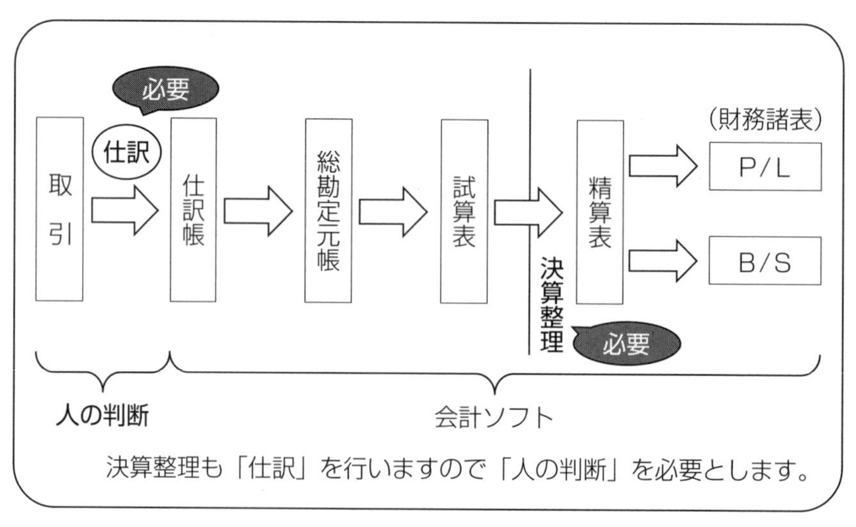

決算整理も「仕訳」を行いますので「人の判断」を必要とします。

第3部

建設業に特有な会計にチャレンジ！

Ⅰ　建設業の特性とその会計

1．建設業会計の意義と特徴（概説）

建設業者は、証券市場への上場会社・非上場会社の区別なく、建設業許可事業者（建設業としての許可を受けた事業者）であるため、建設業の会計は、一般の会計の基本を重視しながらも、別の法律すなわち建設業界に向けた建設業法の中で規定される会計に準拠しなければなりません。これは、「別記事業」（後述）としての「業法会計」（建設業法とその関係規則の規定に従った会計整理をしなければならない会計のこと）と呼ばれています。これは、第二次大戦後まもなくから始まり、現在に至るまで、他の産業と異なった会計制度を実施しなければならないことになっています。

また、建設業の経営には、製造業等の他の産業と比較して、その業態にいくつかの特徴があります。

まず、建設業はすべて受注請負事業です。すなわち他者（個人や企業等）が希望する内容の建設物（道路や家屋等）を他者の所有する用地の上に、他者の求める方法（工法等）によって、適切な品質と機能の水準を維持したものをつくり上げて引き渡す仕事です。自分で販売や賃貸を予定する家屋やビルを建築するのは不動産業の仕事であって、建設業ではありません。

建設業の仕事は、一般的にいって、受注した１件の工事の完成について、比較的に長くかかるものです。また、一つの工事が終われば次の工事現場に向かって建設行為を進めるといった工事現場を転々と移動するといった特性もあります。

このような他の産業と異なった特性があることから、会計整理においても、この業種にふさわしい会計方法を特別に検討し選択していかなければなりません。少し難しい話になりますが、たとえば、収益の認識（売上高の計上）については、伝統的に工事完成基準と工事進行基準という２つの基準のいずれをどのような工事に適用すべきか、結構大きな議論が存在しています。国際会計とのコンバージェンスという観点から、平成19年12月に「工事契約に関する会計基準」が成立して、新たな建設業会計が確立されました。上場会社では、平成21年４月１日より全面的かつ強制的にこの会計基準に準拠しなければなりません。

他方、わが国における建設業者は、総数において40数万といわれていますが、上場会社はわずか200社程度です。したがって、日本の建設業者のほとんどは非上場の中小・零細企業といってよいわけです。中小・零細の建設業ではどのように簡便化した会計整理をしていくべきか、別途議論し整理する必要があります。

建設業者が上場会社か非上場会社か、大会社か中小、零細会社かといったことを、まずは頭の中に入れておきましょう。

本書では、建設業の特性から生ずるそのような会計上の特徴を踏まえながら、はじめて建設業会計に関心を持たれて学習を開始しようとする皆さんのために、わかりやすさを第一に解説をするよう工夫しています。

2．社会資本整備（インフラストラクチャ）と建設業

日本の第二次大戦後の国土開発、社会制度、経済システム等における急激な復旧・復興はまさにうなぎのぼりの様相で、急進展したことをご承知でしょう。経済成長と社会資本投資は、当然のことながら、鉄鋼、造船、繊維、電機等の他の産業振興に波及開花的な成長がみられたことはいうまでもありませんが、それらの基盤として、国家が主導する社会資本整備投資が、経済成長の原動力として存在していたのです。

社会資本整備は、国家や地方自治体が、国民の税金を主たる財源として公共的・公益的投資プロジェクトを遂行することであるとはいえ、これらの事業のために公的機関がその建設のための組織を常時保有するなどということは、事実上ほとんど困難なことです。当然のことながら、公的機関は、民間経済構造

（民間企業の組織）の中に、そのような公的事業を請け負う体制を構築しなければなりませんでした。したがって、社会資本整備の伸長は、当然のごとく、民間企業としての建設工事請負業者の増幅・成長と重なるという結果になるのです。

少し古い話になりますが、政府は、1948年（昭和23年）に、中央に建設省を設置し、各地方公共団体には各地建設行政の担当部局を設け、中央と地方が一体となった建設行政をスタートさせました。そして、翌年の1949年（昭和24年）には、建設業法を公布して、建設業を営む者の登録、工事請負契約の規制等、建設工事の適正な施工を確保するとともに、建設業の健全な発展に資することを目的としたもので、実質的に、現代的建設業（特にゼネコン）の根拠法を確定しました。

前述したように、第二次大戦後30数年、世界に類をみない高度成長を果たした日本経済は、1980年代半ばまで、戦勝国である欧米諸国の経済苦境を横目ににらみながら、いわば“一人勝ち”的な経済発展を享受しました。その過程においては、1971年（昭和46年）のドルショックや1973年（昭和48年）のオイルショック等の世界的な経済ショックを一時的に経験しましたが、成長の勢いは難なくこれらを吸収しました。

建設業界は、そのような背景を最も直接的、効果的に活用しながら、わが国経済の発展を支える基幹産業としての地位を不動なものとして、技術的には、施工の大型機械化やダム、鉄道、橋梁、トンネル、高速道路などの大型プロジェクトの推進に、高度な技術開発で応えていきました。このことは、当然のことながら、企業経営における自己資本の充実を促し、上場ゼネコンの数を急速に増加させたのです。

バブル崩壊や長期の経済不況からの脱却政策を経験しながらも、現今の経済構造改革の中で、建設業の在り方は政策の中核に存在していますから、常に、経済や一般経営の在り方と密接に関係して制度構築を検討していかなければなりません。

3．建設業の許可と会計制度

(1) 許可事業の概要

わが国において建設業を営もうとする者は、次の区分によって国土交通大臣もしくは都道府県知事の許可を受けなければなりません。

◆2以上の都道府県の区域内に営業所を設けて営業する場合

国土交通大臣の許可

◆1の都道府県の区域内のみに営業所を設けて営業する場合

都道府県知事の許可

ただし、政令で定める軽微な建設工事（請負金額が5百万円未満の工事、ただし建築一式工事は請負金額が15百万円未満の工事または延べ床面積が150m²未満の木造住宅工事－業法施行令第1条の2）のみを請け負う営業の場合は、この許可を受ける必要はありません。

さらに、建設業の営業にあたって、その者が発注者から直接請け負う1件の建設工事につき、その工事の全部または一部について下請け契約を締結し、その代金の総額が政令で定める金額以上（40百万円、ただし建築工事業は60百万円－業法施行令第1条の2）となる場合には、特に「**特定建設業**」の許可を受けなければなりません。

現在の許可区分別の業者数は次のとおりです（平成27年3月末現在）。

一般建設業許可業者数　451,637業者数（前年同月比　1,966業者数　増加）

特定建設業許可業者数　 43,572業者数（前年同月比　　511業者数　増加）

なお、一般・特定は業種ごとに区分されるため、1社で複数業種の許可を取得しており、かつ、それらが一般と特定にわたる場合には、業者数がダブルカウントとなっています。

さて、以上の許可の申請及び変更の届け出にあたっては、各会計期間の決算に基づいた「**財務諸表**」を添付しなければなりません。さらに、国土交通大臣または都道府県知事は、それらの書類またはその写を、公衆の閲覧に供する義務があるので、許可を受けた建設業の財務諸表は、すべて一般に開示されることになり、この点も他の産業と異なった状況として特筆されるべきことです。建設業会計による会計情報の重要性が強調されるべき制度となっています。

一般建設業と特定建設業の許可を取得するための要件は多岐にわたっており、そのうち会計に関係する**財産的基礎等**は、次のとおりです。

《一般建設業》

次のいずれかに該当すること。

・自己資本の額が500万円以上であること
・500万円以上の資金調達能力を有すること
・許可申請直前の過去５年間許可を受けて継続して営業した実績を有すること

《特定建設業》

次のすべてに該当すること。

・欠損の額が資本金の額の20％を超えていないこと
・流動比率が75％以上であること
・資本金の額が2,000万円以上であり、かつ、自己資本の額が4,000万円以上であること

⑵　経営事項審査による企業評価

公共工事の入札に参加するためには、「**経営事項審査**」（略称して「経審」ということが多い）を受審し、当該建設企業が何点の企業体であるかを確定しなければなりません。このような企業のランキング制は、諸外国に見られないわが国独特の制度です（現行の経審で実施される審査項目は142ページを参照）。

経営事項審査では、全般にわたって会計情報を活用しており、建設業経理の状況に強い関心をもっていることがわかります。

したがって、建設業全体が共通の会計基準によって会計（経理）を実施しなければ、評価の公平性は保たれないので、建設業法の下にある会計基準の在り方は、建設業にとって誠に重要な生きた議論でなければならないのです。

(3)　建設業会計の別記事業性

建設業については、戦後まもなく「企業会計原則」の公表とほぼ同時期（昭和24年）に、「建設業法」、「建設業法施行規則」が制定されましたが、この施行規則の中に、登録申請書類として「財務諸表」の添付が義務付けられ、いわゆる建設業法下の会計制度がスタートしました。

昭和25年には、全国建設業協会の傘下に「建設工業経営研究会」が設置され、中央建設業審議会が同研究会の定めた「建設業財務諸表準則」を建設業法に基づく会計報告書として位置付けることを建議しました。また、昭和26年には、施行規則が「建設業財務諸表様式」を規定したことから、建設業者は、他の産業と異なった固有の財務諸表を作成、公表する会計制度が本格的に確立したのです。

このような建設業の会計に係る特例の措置は、現在まで引き継がれており、伝統的に商法会計（現在の会社法会計）と証取法会計（現在の金融商品取引法会計）に対する建設業会計の関係は、次のように理解されています。

◇**会社法　会社計算規則**　第118条第１項

◇**金融商品取引法　財務諸表等規則**

「財務諸表等の用語、様式及び作成方法に関する規則」第２条

　別記に掲げる事業を営む株式会社又は指定法人が、当該事業の所管官庁に提出する財務諸表の用語、様式及び作成方法について、特に法令の定めがある場合又は当該事業の所管官庁がこの規則に準じて制定した財務諸表準則がある場合には、当該事業を営む株式会社又は指定法人が法の規定により提出する財務諸表の用語、様式及び作成方法については、（中略）その法令又は準則の定めによるものとする。

＊別記　一　建設業

建設業法

建設業法施行規則

現在、建設業法により建設業の許可を申請するものは、同法第６条（許可申請書の添付書類）の定めにより所定の「財務諸表」を添付しなければなりませんが、さらに、許可に係る建設業者は、同法第11条（変更等の届出）において、毎会計期間における「**財務諸表**」を毎営業年度経過後４か月以内に、国土交通大臣または都道府県知事に提出しなければならないこととなっています。

建設業法下の会計を具体的に規定する「**建設業法施行規則**」の概略は次のとおりです。

① 財務諸表の提出を必要とする時

ア．建設業許可の申請の時

イ．毎営業年度の変更等事項の届出の時

ウ．経営事項審査の受審申請の時

② 財務諸表の種類

ア．貸借対照表

イ．損益計算書（完成工事原価報告書を含む）

ウ．株主資本等変動計算書

エ．注記表

オ．附属明細表

③ 財務諸表の様式

財務諸表の様式については、建設業法施行規則に次のような規定が定められています。

様式15号　貸借対照表

様式16号　損益計算書

様式17号　株主資本等変動計算書

様式17号の２　注記表

様式17号の３　附属明細表

また、以上のような別記様式における「勘定科目」の分類とその各々定義については、特に、「建設業法施行規則別記様式第15号及び16号の国土交通大臣の定める勘定科目の分類を定める件」として、国土交通省の告示が発令されています。この告示における勘定科目の定義は、貸借対照表と損益計算書はいうまでもありませんが、さらに**完成工事原価報告書**の項目にも及んでいます。

以上のように、建設業会計の実務においては、一般の会計基準の理解に加えて、建設業法下にある会計諸規則にも精通しておく必要があります。

4．建設業会計の特性

建設業は、わが国の産業構造の中で業界形成の歴史的背景、生産方式、企業規模等の点から独特の存在特性を有していると考えられていますが、ここではこれらを次のように列挙しておくことにします。

①　受注請負生産業であること

製品の生産方式には、家電製品、自動車など同一規格の製品を大量に生産する形態である市場性見込生産と、大型船舶、重機械など顧客の注文に応じて単一の製品を生産する形態である個別性受注生産とがあることは、前述のとおりである。建設業はいうまでもなく、典型的な受注産業としての請負業である。したがって、市場見込生産のように予め建設工事を行い、完成品を販売するというような形態は採れない。それゆえに、建設業の原価計算では個々の工事番号別に原価を集計する「**個別原価計算**」が採用される。

また、顧客からの受注により工事の施工がスタートするので、完成品の販売活動というものは存在せず、工事を受注するための営業活動、すなわち受注活動が重要となる。

②　生産期間（工事期間）が長いこと

受注生産型産業は、生産期間が比較的長いものが多い。特に建設業では、開発事業やダム・橋梁などの大型プロジェクトも多く、この場合、受注から引渡しまでに、通常の会計期間である１年を超える工期を要するものも多い。

人為的に会計期間を設定して実施する期間損益計算たる企業会計では、複数の会計期間を跨ぐ工事について、特別な配慮をした収益の認識基準が必要となる。これまで長期請負工事の収益認識について特別な配慮をしてきた所以である。

③　公共工事の多いこと

建設工事の発注者は、政府、地方公共団体、特殊法人等が多く、いわゆる公共工事の占める比率が高いことも大きな特性である。このような公共工事を受注するためには、経営事項審査や指名願い等の様々な入札制度へ参画しなければならないという建設業独特の企業行動が助長されてきた。このため、建設業界では事前段階での原価計算あるいは原価管理を重視する傾向が強く､「積算」という事前的な原価計算手法を発展させてきた。

しかしながら、この積算と事後的原価計算とが必ずしも有機性をもっていないという問題点も指摘され、今後の原価管理上の課題として残されている。すなわち、事前原価計算では工種別、事後原価計算では形態別（通称、要素別）区分が採用されているからである。

④　多額の工事支出金の負担に伴い、資金繰りに特別な配慮を要すること

公共工事はいうまでもなく、民間工事であっても、請負金額は、一般の製造業と比べて高額である。一般的に、工事代金の回収は、工事が完成し引渡し後に行われるため、工事施工に伴う諸支出の支払が先に行われる。そのため、工事代金を回収するまでの間に、受注者が工事に伴う支出を立て替えなければならない状況となる。

また、発注者の資金事情により、工事代金の分割回収を伴う工事を受注することもあり、工事代金回収に多くの時間が割かれることもある。このような場合、工事収益及び工事利益はともに計上されているが、資金を回収できないために破綻する、いわゆる黒字倒産に追い込まれる危険性もある。このような状況に陥らないためにも、資金回収の期間的なズレを埋めるために、銀行からつなぎ資金として借入を起こすこと、定期預金を解約すること等の特別の措置が必要な場合もある。

公共工事については、わが国固有の前払い保証制度、それに基づく会社の存在がある。

なお、上記の理由により、工事と密接な関係を有する資金調達コスト（借入

金に対する支払利息など）も多額となることが多い。一般に非原価とされる借入金利子も、土地造成工事などの資金調達に対して行われたものであれば、工事原価に算入されることが許される場合もあるなど特別な配慮がある。

⑤　移動性の生産現場であること

一般の製造業では、特定の工場において製品生産がなされるが、建設業の生産現場は１件ごとに移動し各現場で施工が行われるため、常に一定せず移動的であるとともに、同時にいくつかの生産現場を保有することもある。複数の工事に共通して発生する原価を「間接費（あるいは共通費）」という。

製品製造業では、複数の工場にまたがって発生する原価である共通費はほとんどないといってよいが、建設業では、複数の生産現場による共通費をどのように各現場に配賦すべきかが、重要なテーマの１つであるといってよい。

⑥　常置性固定資産の少ないこと

建設業は、生産現場が移動的であるため、生産に使用される様々な機材も同様に移動的でなければならない。そのため、大規模な建設業であっても機械設備や工場建物という固定資産が比較的少ないという特性が認められる。

そのため、損料計算などの手法を開発している。

⑦　工事種類（工種）および作業単位が多様であること

１つの請負工事を完成させるためには、直接的な工事作業だけでも、土工事、コンクリート工事、鉄筋工事等、種々の工種から構成されている。しかもそれら各々の作業もまた、専門性や特殊性が高く、多様な作業単位を含んでいる。したがって、建設業原価計算では、一般の原価計算で要求されることのない工種（工事種類）別原価計算が重視され、工種ごとに原価を積上げ計算していく積算と密接な関わりを持っている。

⑧　外注依存度が高いこと

１つの建設工事の完成には、多種多様な専門作業を必要とし、しかもそれらが単品生産物のために実施されるから、自社で施工することができない専門作業を多数外注しなければならない。一般的に総合建設会社では、全体の工事原価のうちに外注費が占める割合が６割〜７割に達している。そのため通常の原価計算では、「製造原価の３要素」として、原価要素を発生する形態ごとに、材料費・労務費・経費の３つに区分するが、建設業原価計算では、経費から外注費を特別に区分し、材料費・労務費・外注費・経費の４区分が伝統的に採用されている。

⑨　工事ごとの採算性を重視すること

建設業は、生産現場が常に異なることや、施工物の規格が同一でないため、工事そのものの個性が強く、個々の現場の条件により採算性や利益率が大きく影響されるという特性が認められる。建設工事の請負契約は、一般的には総額請負契約方式がとられ、施工前の契約時において発注者である施主と建設企業との間に請負金額が定められている。このため、市場性見込生産型である製造業が製品製造原価確定後に販売価格を決定できるのに対し、建設業においての販売価格、すなわち工事請負金額を事後的に変更することは、特殊な事情がある場合を除いて、不可能といって差しつかえない。

よって、その工事での採算性を上げ利益を増額するためには、工事原価をできるかぎり縮小するしか手立てがない。これらのことから、建設業においては個々の工事ごとの採算性が特に重視されている。

工事の原価管理は基本的に工事ごとの個別単位で行われる。工事別の実行予算原価を作成し、これに基づき日常的なコントロールが行われ、さらに事後に工事別の実行予算と実際の発生額とが比較され、差異分析が行われる。これらの原価資料を経営管理者の各階層に報告し、原価能率を増進する措置を講ずる一連の過程を重視しなければならない。

⑩　建設活動と営業活動に関連性があること

建設工事原価計算は、理論的には当該工事の受注から完成までの期間に主として工事現場に係わる価値消費額を測定することである。しかし、建設業においては、工事を施工するための活動と受注獲得などの営業活動に関連性が強いため、これらを厳格に区別しえないこともある。

たとえば、現場監督者が、純粋に建設現場を監督している活動と受注促進や本社の総務的作業等の両方を行っている場合、当該人件費をこれらの活動に要した時間等に基づき、工事原価と営業関係費（販売費及び一般管理費）とに峻別して、適正な原価計算を行う必要がある。

⑪　自然現象や災害との関連性が大きいこと

建設業では、ほとんどの生産現場は屋外であるため、天候や不測の災害等による被害を受けるリスクを常に有している。たとえば、雨天候のため施工ができず滞っていたとしても、発注者に引き渡す納期を延長できるわけではないので、工事の進行の遅れを取り戻すために、通常の１日の作業時間を延長して作業を行うことになる。そうなれば、現場作業員に対して、残業代などをより多く支払わなければならなくなり、当初の予定金額を上回る支出を生じることとなる。特に、悪天候下では予想外の手待時間等が発生するため、建設工事の採算性はきわめて悪くなる。また、地中の工事にあっても、地層という自然の条件と工事の成否とは深い係わりを有している。原価計算では、偶発的事象による価値の損失は、原価と峻別して損失（ロス）と考えているが、リスクマネジメント的な意味での事前対策費は、十分に原価性を有するものであるため、リスク管理に対し充分に配慮しなければならない。

⑫　共同企業体（JV）による受注があること

建設業では、他の業種ではあまり見受けることができない、一件の工事を複数の元請業者が共同で請け負う共同企業体（ジョイント・ベンチャー（JV））での工事受注方式がある。しかし、原価計算を含む会計業務は個別企業を基礎に遂行されなければならないから、個別企業での工事原価計算は、施工物の部分原価計算という性質を持つ。加えて、逆に共同企業体自体においては、その構成員である個別企業の会計とは独立させた共同企業体会計が要求される。

以上のような建設業及び建設業関連事業としての特性を有していることから、建設業会計は、特別な会計の整理や特別な開示の内容をもった会計として制度化されており、そのような意識で学んでいただかなければなりません。

II 建設業特有の勘定科目とは

１．建設業特有の勘定科目（概説）

建設業を営む日本建設株式会社（仮名）の事例で、建設業特有の勘定科目を説明していきましょう。

貸借対照表は一定時点（事例では、平成27年３月31日現在）において、資金をどのように集め（負債・資本の部）、どのように運用したか（資産の部）を一覧にしたもので、企業の財政状態を表します。まず、借方（左側）と貸方（右側）の合計値は456,000千円と一致していることを確認してください。

貸借対照表で、建設業に特有な勘定科目として挙げられるのは、次のとおりです。

＜借方：資産の部＞

① 完成工事未収入金

② 未成工事支出金

＜貸方：負債の部＞

③ 工事未払金

④ 未成工事受入金

日本建設株式会社　＜平成27年３月31日＞

貸借対照表の構造　　　　　　　　　　　　　　　　　　（単位：千円）

資産の部	
現金預金	70,000
受取手形	30,000
完成工事未収入金	40,000
未成工事支出金	110,000
材料貯蔵品	20,000
その他	20,000
流動資産計	290,000
建物・構築物	60,000
機械・運搬具	30,000
工具器具・備品	5,000
土地	50,000
その他無形固定資産	1,000
その他投資等	20,000
固定資産計	166,000
資産合計	456,000

負債及び純資産の部	
支払手形	25,000
工事未払金	25,000
短期借入金	50,000
未払金	5,000
未払法人税等	5,000
未成工事受入金	80,000
その他流動負債	10,000
流動負債計	200,000
長期借入金	25,000
固定負債計	25,000
資本金	20,000
資本剰余金	0
利益剰余金	211,000
純資産計	231,000
負債純資産合計	456,000

損益計算書は一定期間（事例では、平成26年４月１日～平成27年３月31日）の経営成績を示したもので、収益と費用の内訳を記して当期の損益を明らかにする報告書です。

損益計算書で、建設業に特有な勘定科目として挙げられるのは、次のとおりです。

＜貸方：収益の部＞

⑤　完成工事高（建設業における「売上」）

＜借方：費用の部＞

⑥　完成工事原価（建設業における「売上原価」）

さらに、完成工事原価の内訳を示した**完成工事原価報告書**があります。この完成工事原価報告書は、原価を材料費、労務費（労務外注費を含む）、外注費、経費（人件費を含む）の４つの形態別に分類しています。

＜自平成26年４月１日　至平成27年３月31日＞

損益計算書の構造　　（単位：千円）

完成工事高	1,200,000
完成工事原価	1,100,000
売上総利益	100,000
販売費及び一般管理費	95,200
営業利益	4,800
営業外収益	1,000
営業外費用	2,000
経常利益	3,800
法人税等	1,500
当期純利益	2,300

完成工事原価報告書の構造

材料費	275,000
労務費	110,000
（うち労務外注費）	20,000
外注費	550,000
経費	165,000
（うち人件費）	55,000
完成工事原価	1,100,000

販売費及び一般管理費の構造

役員報酬	20,000
従業員給料手当	40,000
法定福利費	2,500
福利厚生費	3,000
修繕維持費	500
事務用品費	2,000
通信交通費	5,000
動力用水光熱費	1,000
広告宣伝費	2,000
交際費	5,000
地代家賃	1,200
減価償却費	5,000
租税公課	2,000
保険料	1,000
雑費	5,000
販売費及び一般管理費	95,200

それでは、建設業特有の勘定科目である①から⑥までの科目について、詳しく見ていきましょう。

２．建設業特有の勘定科目（内容）

①　完成工事未収入金（資産）

完成工事未収入金は、損益計算書の完成工事高に計上した請負代金の未収入分（未回収分）の増減を記帳計算する建設業特有の勘定科目です。

建設業以外の一般企業の「売掛金」に相当します。具体的な記帳方法としては、工事の完成・引渡しの際に前受金・部分払金などの「未成工事受入金」（④で詳しく解説します）と相殺した後の請求残額を借方（左側）に記入します。代金が回収できれば、減少額を貸方（右側）に記入します。

　このように、完成工事未収入金は、未成工事受入金とともに得意先との間で発生した債権・債務の増減を処理する勘定ですが、得意先が多い時は、未成工事受入金と完成工事未収入金という２つの勘定に記帳するだけでは得意先別に今いくらの前受分があり、未収分がいくら残っているかを知ることができません。そこで、得意先元帳と呼ばれる補助元帳を別に作成し、得意先別の勘定口座を設定して処理する方法が広く用いられています。

　以下が、得意先元帳の例（仕訳帳から転記しています）です。

〔設　例〕

　次の一連の取引の仕訳および勘定記入の結果を示しなさい。

(1)　東京商店と事務所の建築工事7,000,000円についての請負契約が成立し、前受金として同店振出の小切手1,200,000円を受け取った。

(2)　東京商店より部分払金として現金800,000円を受け取った。

(3)　上記の事務所が完成し、その引渡が完了したので、前受金等と相殺のうえ、その残金5,000,000円を請求した。

(4)　その後、塗装工事の一部に設計仕様と相違する箇所のあることがわかり、値引40,000円を行った。

(5)　東京商店から、工事代金の未収分4,960,000円を同店振出の小切手で受け取り、直ちに当座預金に預け入れた。

〈解　答〉

(1)	（借）	現　　　金	1,200,000	（貸）	未成工事受入金	1,200,000
(2)	（借）	現　　　金	800,000	（貸）	未成工事受入金	800,000
(3)	（借）	未成工事受入金	2,000,000	（貸）	完成工事高	7,000,000
		完成工事未収入金	5,000,000			
(4)	（借）	完 成 工 事 高	40,000	（貸）	完成工事未収入金	40,000
(5)	（借）	当 座 預 金	4,960,000	（貸）	完成工事未収入金	4,960,000

仕　訳　帳　　3

平成○年		摘　　要	元丁	借　方	貸　方
	⑴	（現　　金）	1	1,200,000	
		（未成工事受入金）	13／得１		1,200,000
		東京商店と事務所工事の契約が成立			
	⑵	（現　　金）	1	800,000	
		（未成工事受入金）	13／得１		800,000
		東京商店、第２回目受入			
	⑶	諸　口　　（完成工事高）	31		7,000,000
		（未成工事受入金）	13／得１	2,000,000	
		（完成工事未収入金）	4／得１	5,000,000	
		東京商店へ事務所工事の引渡			
	⑷	（完成工事高）	31	40,000	
		（完成工事未収入金）	4／得１		40,000
		東京商店へ値引			
	⑸	（当座預金）	2	4,960,000	
		（完成工事未収入金）	4／得１		4,960,000
		東京商店から回収			

総勘定元帳

完成工事未収入金　　4

⑶	5,000,000	⑷	40,000
		⑸	4,960,000

未成工事受入金　　13

⑶	2,000,000	⑴	1,200,000
		⑵	800,000

得意先元帳

東京商店　　1

⑶	2,000,000	⑴	1,200,000
⑶	5,000,000	⑵	800,000
		⑷	40,000
		⑸	4,960,000

（注）　仕訳帳の元丁欄の〔13／得１〕の13は総勘定元帳の「未成工事受入金」勘定の丁（ページ）数を、また得１は得意先元帳の「東京商店」口座の丁（ページ）数を示している。

②　未成工事支出金（資産）

未成工事支出金は、工事原価（材料費、労務費、外注費、経費）を集計するための建設業特有の勘定科目です。

通常、工事の完成引渡しを終えていない工事に要した費用（材料費、労務費、外注費、経費）について、完成引渡しまでの間は、材料費、労務費、外注費、経費等の勘定科目で処理し、期末に未成工事支出金という資産勘定科目（集計のための統制的な勘定科目）に振り替え、その工事が引渡しを終えて収益として計上されたら、その収益に対応する工事費を未成工事支出金から完成工事原価にさらに振り替える（未完成部分は翌期に繰り越されます）という方法があります。

図表３−１では、当期完成工事原価は1,100,000千円（工事Ａから工事Ｅまでが完成している）であり、翌期に繰り越される未完成分は110,000千円（工事Ｆと工事Ｇ）であることがわかります。

このように、未成工事支出金は未完成品を計上する科目ですので、製造業でいう仕掛品の一種であり、貸借対照表の流動資産（棚卸資産）に属します。

なお、建設業では工事別の原価の算定が不可欠であり、そのために果たす「工事台帳」の役割は重要です。工事台帳は未成工事支出金の日々の取引の内訳を集計する機能を持っています。

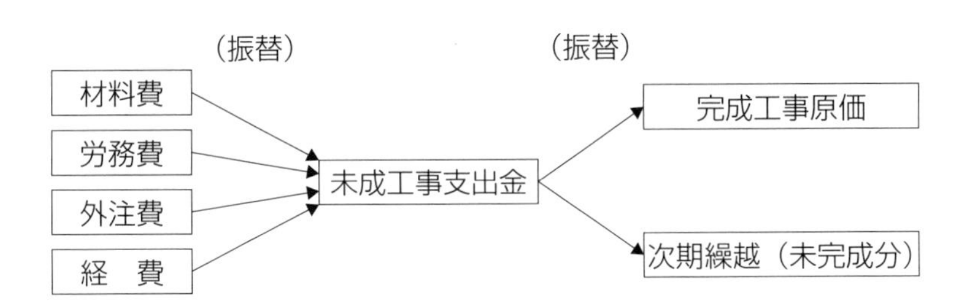

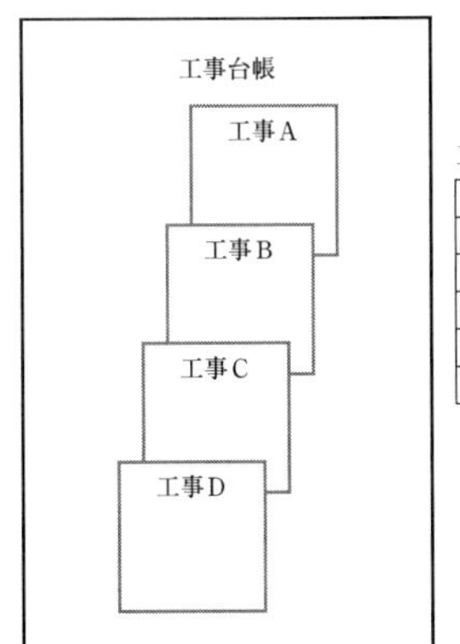

工事Ａ　　　　工事台帳

月日	摘　要	材料費	労務費	外注費	経費	累計
×月　×日	前月繰越	xxx、xxx	xxx、xxx	xxx、xxx	xxx、xxx	xxx、xxx
×日	倉庫より搬入	xxx、xxx				xxx、xxx
×日	○×建設外注代			xxx、xxx		xxx、xxx
×日	現場作業員の賃金		xxx、xxx			xxx、xxx
×日	現場の諸経費支払				xxx、xxx	xxx、xxx

図表３－１

原価計算表（年間の概略）　　（単位：千円）

摘　要	工事A	工事B	工事C	工事D	工事E	工事F	工事G	合　計
工期	平成25年12月～27年３月	平成25年10月～27年３月	平成26年４月～27年３月	平成26年７月～26年12月	平成26年９月～27年１月	平成26年12月～27年９月	平成27年１月～27年10月	
期首未成工事原価								
材料費	12,500	15,000	—	—	—	—	—	27,500
労務費	5,000	6,000	—	—	—	—	—	11,000
外注費	25,000	30,000	—	—	—	—	—	55,000
経　費	7,500	9,000	—	—	—	—	—	16,500
当期発生工事原価								
材料費	50,000	60,000	68,750	37,500	31,250	15,000	12,500	275,000
労務費	20,000	24,000	27,500	15,000	12,500	6,000	5,000	110,000
外注費	100,000	120,000	137,500	75,000	62,500	30,000	25,000	550,000
経　費	30,000	36,000	41,250	22,500	18,750	9,000	7,500	165,000
当期完成工事原価	250,000	300,000	275,000	150,000	125,000	—	—	1,100,000
期末未成工事原価	—	—	—	—	—	60,000	50,000	110,000

③　工事未払金（負債）

工事未払金は、材料代金や諸工事費など、建設工事現場で発生する費用の未払分の増減を記帳計算する建設業特有の勘定科目です。

この意味で完成工事未収入金と対になる概念です。一般企業では「買掛金」に相当します。記帳方法としては、材料費、外注工事費の請求を受けた際に、前渡金と相殺した後の請求残額を貸方（右側）に記入します。代金が決済になれば、減少額を借方（左側）に記入することで清算されます。

完成工事未収入金と同じく、得意先が多い時は前渡金と工事未払金の２つの勘定に記入するだけでは不十分なため、工事未払金台帳という補助元帳を別に作成して取引先別の勘定口座を設定した処理が広く用いられています。

以下が、工事未払金台帳の例（仕訳帳から転記しています）です。

〔設　例〕

⑴　大阪建材社に対し甲材料500個（@1,500円）を注文し、その代金の一部として現金100,000円を前渡しした。

⑵　愛知工務店と工事代500,000円の下請契約を結び、工事代金の前渡分として小切手200,000円を振り出した。

⑶　大阪建材社から上記の甲材料500個が工事現場に搬入された。

⑷　愛知工務店に外注した工事が完成し、その代金を請求された。

⑸　甲材料の不良品15個を大阪建材社に送り返した。

⑹　工事未払金の決済のため小切手を振り出した。

　大阪建材社 300,000円　愛知工務店 250,000円

〈解　答〉

⑴	（借）	前渡金	100,000	（貸）	現金	100,000
⑵	（借）	前渡金	200,000	（貸）	当座預金	200,000
⑶	（借）	材料費	750,000	（貸）	前渡金	100,000
					工事未払金	650,000
⑷	（借）	外注費	500,000	（貸）	前渡金	200,000
					工事未払金	300,000
⑸	（借）	工事未払金	22,500	（貸）	材料費	22,500
⑹	（借）	工事未払金	300,000	（貸）	当座預金	550,000
		工事未払金	250,000			

仕　訳　帳　　　2

日付		摘　　要		元丁	借　方	貸　方
	(1)	(前　渡　金)		7／未1	100,000	
			(現　　金)	1		100,000
		大阪建材社				
	(2)	(前　渡　金)		7／未2	200,000	
			(当座預金)	2		200,000
		愛知工務店				
	(3)	(材　料　費)	諸　口	31	750,000	
			(前　渡　金)	7／未1		100,000
			(工事未払金)	13／未1		650,000
		大阪建材社				
	(4)	(外　注　費)	諸　口	33	500,000	
			(前　渡　金)	7／未2		200,000
			(工事未払金)	13／未2		300,000
		愛知工務店				
	(5)	(工事未払金)		13／未1	22,500	
			(材　料　費)	31		22,500
		大阪建材社				
	(6)	諸　　口	(当座預金)	2		550,000
		(工事未払金)		13／未1	300,000	
		(工事未払金)		13／未2	250,000	
		大阪建材社、愛知工務店				

総勘定元帳

前　渡　金　　7

(1)	100,000	(3)	100,000
(2)	200,000	(4)	200,000

工事未払金　　13

(5)	22,500	(3)	650,000
(6)	300,000	(4)	300,000
(6)	250,000		

工事未払金台帳

大阪建材社　　1

(1)	100,000	(3)	100,000
(5)	22,500	(3)	650,000
(6)	300,000		

愛知工務店　　2

(2)	200,000	(4)	200,000
(6)	250,000	(4)	300,000

(注)　仕訳帳の元丁欄の〔13／未2〕の13は、総勘定元帳の「工事未払金」勘定の丁（ページ）数を、また未2は工事未払金台帳の「愛知工務店」口座の丁（ページ）数を示している。

④　未成工事受入金（負債）

建設業では、工事期間が長期にわたるケースも多く、請負金額も多額となる傾向があります。一方、民法上の請負契約では、工事が完成し引渡ししたときに請負代金が請求できることが原則となっており、工事期間中の建設会社の資金的な負担は重いものとなっています。そのため、契約時、着工時や工事期間中において、前払金（前受金）や中間払金等の名目で請負代金の一部が支払われる慣行があります。

このように、建設会社が発注者から請負契約にもとづき、工事が完成する前に受け取った工事代金を示すのが未成工事受入金です。未成工事受入金は、流動負債勘定として一般企業の前受金に相当するものです。未成工事受入金は、工事完成引渡し後、請負代金から差し引いて清算されます。

図表3－2では、工事Fで30,000千円、工事Gで50,000千円の前受金を受け取っています。

図表3－2

（単位：千円）

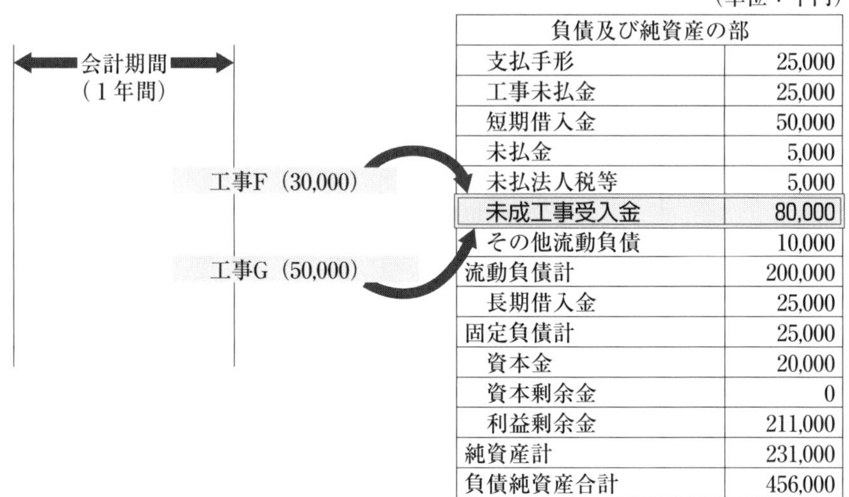

負債及び純資産の部	
支払手形	25,000
工事未払金	25,000
短期借入金	50,000
未払金	5,000
未払法人税等	5,000
未成工事受入金	80,000
その他流動負債	10,000
流動負債計	200,000
長期借入金	25,000
固定負債計	25,000
資本金	20,000
資本剰余金	0
利益剰余金	211,000
純資産計	231,000
負債純資産合計	456,000

⑤　完成工事高（収益）

工事が完成し引渡しが終わったものについて、その請負金額にあたるものが完成工事高になります。一般の企業における「売上」に相当するものです。

通常、工事期間が長いことから、会計期間中に工事が完成し引渡したものと工事が未完成のものとが存在します。

完成したものは完成工事高として損益計算書に計上され、未完成のものは未成工事支出金（資産）となって、翌期に繰り越されます。

図表３－３では前期から繰り越された工事Ａ、工事Ｂに、当期受注した工事Ｃ、工事Ｄ、工事Ｅが当期に完成引渡し、完成工事高となっています。なお、当期受注した工事Ｆと工事Ｇは次期に繰り越され、未成工事支出金として流動資産に計上されています。

なお、建設業は、発注者から注文を受けて生産活動が始まります。そして、発注者との間で取り決められた工事の契約金額が請負金額にあたります。

民法上は、請負契約は双務（お互いに義務を負います）・諾成（必ずしも契約に書面を必要としません）・有償（対価的なやりとりがあります）契約となっていますが、一般的には後日の紛争を防止するために書面で契約します（公共工事標準請負契約約款等）。

図表３－３

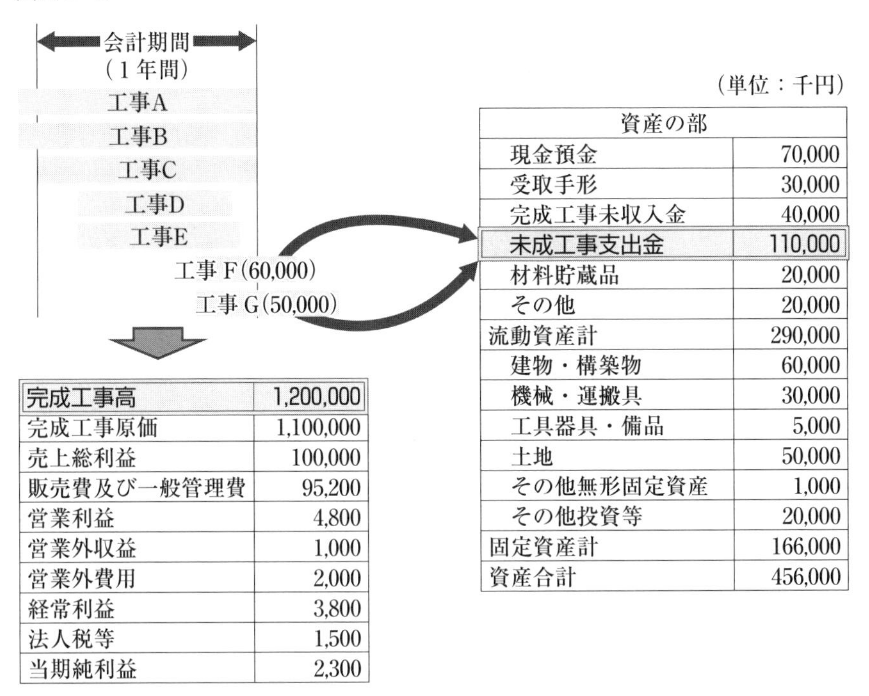

完成工事高	1,200,000
完成工事原価	1,100,000
売上総利益	100,000
販売費及び一般管理費	95,200
営業利益	4,800
営業外収益	1,000
営業外費用	2,000
経常利益	3,800
法人税等	1,500
当期純利益	2,300

（単位：千円）

資産の部	
現金預金	70,000
受取手形	30,000
完成工事未収入金	40,000
未成工事支出金	110,000
材料貯蔵品	20,000
その他	20,000
流動資産計	290,000
建物・構築物	60,000
機械・運搬具	30,000
工具器具・備品	5,000
土地	50,000
その他無形固定資産	1,000
その他投資等	20,000
固定資産計	166,000
資産合計	456,000

⑥　完成工事原価（費用）

完成工事高として計上したものに対応する工事原価のことを完成工事原価といいます。

建設業では、工事原価を集計するために、材料費、労務費、外注費、経費の４つの原価要素に分けて集計します。特に、建設業は下請企業への依存度の高さから外注費を一つの集計要素に区分していることが、他産業と違う際立った特徴であるといえます（製造業では、外注に係る費用は経費の一科目として処理しています）。

損益計算書の構造　　（単位：千円）

完成工事高	1,200,000
完成工事原価	1,100,000
売上総利益	100,000
販売費及び一般管理費	95,200
営業利益	4,800
営業外収益	1,000
営業外費用	2,000
経常利益	3,800
法人税等	1,500
当期純利益	2,300

完成工事原価報告書の構造

材料費	275,000
労務費	110,000
（うち労務外注費）	20,000
外注費	550,000
経費	165,000
（うち人件費）	55,000
完成工事原価	1,100,000

 おさえておこう！ 建設工事別の原価集計—原価計算—

1．建設工事原価計算の基本

(1) 一般的な原価計算の目的と建設業

日本の原価計算基準を参照し、現代企業の原価計算実践を参照すれば、企業は、一般的に、次のような多様な目的をもって、“コスト（原価）”を測定します。枠の中の原価用語は、特に関係するものを示しています。

① 財務会計システムへの原価データの提供
　外部報告書としての財務諸表（貸借対照表・損益計算書）の作成に必要な原価データ（完成工事原価等）を提供　実際原価

② 予算管理システムへの原価データの提供
　利益管理に不可欠な全社的予算の編成に必要な原価データを提供するとともに、事後の差異分析を実施　予算原価

③ 原価管理に必要な原価データの設定と活用
　能率管理の一貫として、各種の目標原価を設定し、関係部署に示達するとともに、事後差異分析を実施　標準原価

④ 各種の価格設定に必要な原価データの提供
　受注価格、契約価格、販売価格等の設定のために必要な原価データの提供　見積原価

⑤ 意思決定に有効な原価情報の提供
　長期的（経営構造的）および短期的（日常業務的）意思決定に有効な原価情報を提供　特殊原価
（意思決定原価）

このような原価計算の多様な目的観は、建設業会計における原価計算目的と

も、基本的には一致しています。ただし、すでに詳述したように、建設業という産業の特性から、建設業の原価計算の実践は、次のようにして展開されるものと理解するのが適当と考えます。

①	受注獲得時における原価測定	見積原価
②	受注確定時における原価測定	（実行）予算原価、目標原価
③	施工時における原価測定	実際原価（実績原価）
④	特定作業原価の縮減を目的とする原価測定	標準原価
⑤	特定の意思決定に関する原価測定	特殊原価（意思決定原価）

建設業法が求める原価計算は、いうまでもなく③実際原価（実績原価）の測定です。また、公共工事であれ民間工事であれ、発注者に提示する工事原価は、積算の技法を活用した見積原価です。その他は、個々の企業が、どのようなマネジメントを推進するかによって、活用の度合いは変わってきます。

このように原価計算は、企業の経営において多角的に活用される技法ですが、本書におけるこれ以後の解説は、常時継続的に実施される一般的な建設工事原価計算システムについて説明します。

⑵　事前と事後における原価集計

公共工事政策と密接な関係を有して業界特性を形成している建設業界において、建設工事の原価計算をどのように実践するかは、わが国における経済政策の在り方と重要な関係をもっています。具体的には、まず受注価格の設定に対して中核的な根拠となることであり、さらにはコスト縮減への方向が、経済全体のコスト負担構造に影響を与えることとなるからです。

建設工事に関する実績値としての工事原価は、建設業法施行規則の国土交通省令告示における例示に従って、通常は、「材料費」、「労務費」、「外注費」、「経費」の４区分に分けて把握します。ただし、企業規模、工事規模、工事の特殊性等を勘案して、一般的には、さらに適切な細分化をして把握・計算することもあります。

事前の原価計算である積算では、一般的には、純工事費、共通仮設費、現場管理費といった工事の機能の区分に従って工事原価の体系化が図られています。これに対して事後の完成工事原価の内容を報告することを目的とする工事原価計算では、上述の４区分法が慣行化しています。

事前、事後の両原価計算における原価区分の関係は、次のように整理することができます。

【事前・事後原価計算上の原価区分の対応】

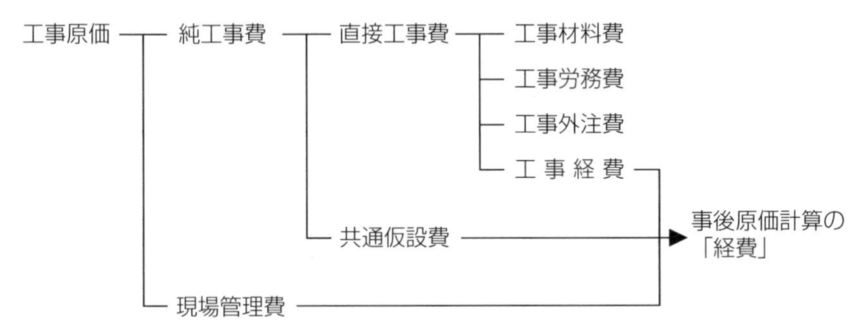

（注）共通仮設費の一部は、会計上は材料費や外注費になることもある。

いずれにしても、経常的な工事原価計算の制度づくりにおいては、以上のような体系を基本としながらも、自社の特性、受注工事の特性等を十分に勘案して、自社の特性に適った原価計算システムを構築することが肝要です。

⑶　建設工事原価計算の基本

一般の会計整理に加えて原価計算の要素を加えていかなければならない産業の典型は製造業（メーカー）です。自動車や家電製品などの製造業では、工場での生産活動が必須であり、その成果品（製品）は、その後の販売（営業）により市場に流通していきます。そのような過程では、製品の製造に係る原価（コスト）と市場での販売価格の関係は、企業活動を形作る基本の要素です。したがって、製品の製造原価計算は、企業活動のコアとなる会計情報です。

建設業は、請負生産という特性を有しながらも、上記の製造活動と類似した生産活動を基本とします。そのような意味で、建設業の生産品（建物など）の原価計算は、発注者との経済関係を維持する基本の要素といえましょう。建設業原価計算の特性を次のようにまとめておきます。

１　受注した建設工事別に**個別原価計算**を適用します。

建設業の主たる業務は、受注産業としての請負工事業です。したがって、建設工事の原価計算は、個別原価計算によって実施しなければなりません。建設工事原価計算では、受注１件ごとに工事番号が付され、この工事番号別に原価を集計する方法が個別原価計算です。工事別原価は、各工事番号の付された工事台帳に記入されることになります。工事台帳は、工事原価台帳、工事管理台帳などとも呼ばれ、経常的な原価計算、原価管理において重要な役割を担っています。

２　建設工事原価と販売費（営業費）及び一般管理費の区別を明確にして会計処理しなければなりません。

建設工事原価計算では、工事原価のみが原価計算に算入され、販売費・一般管理費は、損益計算書の期間費用となります。

この両者の区別は、一般論としては明確ですが、個別具体的な事例では、その所属に戸惑うこともあります。たとえば、受注活動時の特定の営業費用は、たとえ特定の工事との関係が明確であっても会計理論では販売費ですが、法人税法（基本通達２―２―５）では工事原価へ含めることを求めています。実践の企業会計・原価計算では、このような処理の会社としての方針を明確にしておくことが必要です。

３　建設工事原価と非原価との区分を明確にして会計処理する基準を策定しておかなければなりません。

工事原価、販売費・一般管理費以外のものは、原則として非原価（原価外項目）です。通常、営業外費用（支払利息等）、特別損失、剰余金処分項目などは、非原価項目として処理されます。しかしながら、建設工事の施工においても、工事原価に含めるべきか非原価とすべきかにとまどうものが時にあります。たとえば、建設業界固有の前払保証制度において支払う保証料は、一般の会計理論では財務に関連するものとして営業外費用で処理されるものと考えますが、現実には個別の工事に固有のものですから、いずれに所属させるべきかは企業の判断に任せられます。また、予期し得ない過失に基づく補償の費用は、一般の会計理論においては損失たる性質をもつと解されますが、実際の工事原価計算では、当該工事で回収するという事情を優先して工事原価に算入されることもあります。実践の企業会計・原価計算では、このような処理の方針を明確にしておくことが必要です。

4　原則として、月次で各建設工事原価を把握する慣行を醸成することが大切です。

建設工事は、基本的には、工事の進捗管理に適切なマネジメントに目を向けて、その結果を会計情報として取りまとめることですから、原則的には、月次で原価計算を実践する意識を醸成することが大切です。月次の建設工事原価計算が採用されることは、年間で一度程度しか発生しない費用（たとえば減価償却費や引当金繰入額など）の工事原価算入を月次で実施することが促進されます。また、毎月の途中で発生する費用（動力用水光熱費など）をどのように工事原価算入するかの方針が明確にされることになります。

結果、月次工事原価計算によって、逐次的な発生工事原価の的確な把握を促進して、建設工事原価に対する全体的なコスト意識の高揚を図ることができるようになるのです。

2．建設工事原価の区分

建設業においても、損益計算書の附表として製造業の製造原価報告書にあたる「完成工事原価報告書」の作成が必要となります。この完成工事原価報告書においては、完成工事原価の内訳として材料費、労務費、外注費、経費の４区分での開示を要求されています。これら各要素の定義は、一般の原価計算基準で理解するものとは異なっているので、ここでは、この４区分を、建設業法施行規則別記様式第15号及び第16号の国土交通大臣の定める勘定科目の分類を定める件（昭和57年建設省告示第1660号、以下「勘定科目の分類」という）によって解説しましょう。

⑴　材料費

勘定科目の分類における材料費の定義は次のとおりです。

工事のために直接購入した素材、半製品、製品、材料貯蔵品勘定等から振り替えられた材料費（仮設材料の損耗額等を含む）

ここにいう材料費は、基本的には工事の素材として使用するもので、工事に特定して材料調達する特性をもつ建設業においては、いわゆる工事直接費であると解されます。一般の原価計算において材料費とされる生産支援業務に要する燃料、消耗品等は含まれません。ただし、損料計算やすくい出し法によって把握された仮設材料の損耗分は、性質としては後述する経費に近いのですが、この定義では材料費として表示されることに注意してください。

⑵　労務費

勘定科目の分類における労務費の定義は次のとおりです。

①　工事に従事した直接雇用の作業員に対する賃金、給料及び手当等
②　工種・工程別等の工事の完成を約する契約でその大部分が労務費であるものに基づく支払額は、労務費に含めて記載することができる。

①ついては、継続的、臨時的であるかを問わず、直接的に雇用した工事作業員（労務者）に対する賃金または給料手当等が該当し、工事直接費です。設計、技術、現場管理等に従事する者に対して支払われる給料手当等は一般的には労務費として処理されますが、建設業では人件費たる経費として処理されることに注意を必要とします。

②ついては、発生形態からは外注費であるものの、実質的には工事現場での労務作業はほぼ同等の性質をもつため、労務費に含めて表示することを許容されているものです。なお、これらを労務費に含めて表示した場合には、労務費

の内書として「**うち労務外注費**」としてその金額を明示しなければなりません。

⑶　外注費

前述したように、建設業においては、その専門性や特殊性が高いなどの理由から外注依存度が高くなります。それゆえに、一般の原価計算基準では経費の中に含まれる外注作業費を独立させて、工事原価を材料費、労務費、外注費、経費の４つに区分することが、建設業の会計慣行として普及しています。

勘定科目の分類における外注費の定義は次のとおりです。

工種・工程別等の工事について素材、半製品、製品等を作業とともに提供し、これを完成することを約する契約に基づく支払額。ただし、労務費に含めたものを除く。

総合建設業においては、各々の工種・工程において専門性が高いため、自社で施工し得ない作業を外注するため、一般的に建設工事原価のかなりの部分をこの外注費が占めることとなります。

また、建設業の外注形態として、労務作業のみを外注する方式だけでなく、材料調達を含めた労務作業を外注することも一般的です。これにより、外注費に材料費の一部が含まれることとなり、外注費の高額化に影響するだけでなく、建設業の生産性分析を阻害することもよく指摘されています。適正な原価を把握し、本来の建設業財務分析が機能するよう一考されるべき事項の一つでしょう。

労務作業を中心とした外注費についての取扱いは、労務費の項を参照してください。

⑷　経　費

勘定科目の分類における経費の定義は次のとおりです。

完成工事について発生し、又は負担すべき材料費、労務費、外注費以外の費用で、動力用水光熱費、機械等経費、設計費、労務管理費、租税公課、地代家賃、保険料、従業員給料手当、退職金、法定福利費、福利厚生費、事務用品費、通信交通費、交際費、補償費、雑費、出張所等経費配賦額等のもの

上記の定義から、建設業における経費は、材料費、労務費及び外注費以外の原価要素となり、その内容は多種多様です。具体的には、直接工事費の工事経費（特に機械関係費）、共通仮設費、現場管理費が混在することとなります。このため、元請けで工事管理を主とするゼネコンと実際に工事を施工する専門工事業者の原価内訳の差異が原価報告書上に表れにくい結果となることもあります。

なお、経費のうち従業員給料手当、退職金、法定福利費、福利厚生費の４つについては、「**うち人件費**」として、内書表示しなければなりません。

３．完成工事原価報告書

受注工事については、一定の期間でその工事台帳を集計して完成工事原価を確定し、「完成工事原価報告書」を作成しなければなりません。

完成工事原価報告書は、少なくとも会計期間について確定し開示しなければなりませんが、月次においても、会計情報の計数管理上重要な意味を有します。これは、収益の認識・計上基準として工事完成基準を採用していようと工事進行基準を採用していようと関わりないものです。

会計年度末現在での完成工事に対する原価は、建設業法施行規則に定める様式に従い、「完成工事原価報告書」としてまとめられます。その様式は、次のようなものです。

完成工事原価報告書
自平成　　年　　月　　日
至平成　　年　　月　　日

(会社名　　　)			千円
Ⅰ　材料費		××××	
Ⅱ　労務費		××××	
(うち労務外注費	×××)		
Ⅲ　外注費		××××	
Ⅳ　経費		××××	
(うち人件費	×××)		
完成工事原価		××××	

工事原価を形態別（通称、要素別）に区分して表示したもので、かなり長い慣行の中からこのようなものとなりましたが、建設業の様々な特質を考慮した場合、会計情報の中核としての、将来、その相応しい在り方が検討されるべきでしょう。

したがって、企業経営管理としての原価計算として、上記のような原価要素区分が、必ずしも適切であるというわけではありません。この目的のためには何らかの工夫が必要です。企業における原価計算は、外部報告書に添付する明細書としての役割を果たす「完成工事原価報告書」を作成するためにあるわけではないからです。本来の目的は、企業の経営管理のために役立つ原価計算でなければなりません。

4．工事原価計算の基本的な流れ

(1)　工事台帳の作成

建設業の工事原価を日々的確に記録・集計していくためには、個々の工事について「**工事台帳**（あるいは**工事原価台帳**）」を作成することです。工事台帳の役割は、一つひとつの工事について正確に工事原価を記録・集計することです。したがって、工事台帳に記録する原価は、まずは実際に発生した費用（実際原価）です。

建設業会計の実務では、受注した工事についてすぐに**実行予算**を作成しますから、工事台帳には、この実行予算と実際原価を対比しながら、常時、工事別の各費目別に両者の差額を把握して、工事別の進捗管理をしていくことが有効です。したがって、工事台帳と実行予算表とを一体化して、いわゆる工事別の原価管理表を工夫するところまで行けば、かなりレベルの高い会計システムとなりましょう。

⑵　原価計算表の作成

建設業会計の「原価計算表」とは、工事原価を計算、集計、明示するために使われる表で、時に記録簿であり、時には報告書として使われることもあります。

建設業における本格的な原価計算や原価管理のためには、工事別に各工事原価のデータを一覧することができる工事台帳の記録を集計する表として原価計算表を位置づけるのがよいでしょう。

では、ここからは読者の皆さんに「聴講生」になって頂き、セミナーを受講してもらっている雰囲気で少し解説してみたいと思います。では、まず原価計算表から始めますよ。

【原価計算表と勘定連絡図】

〈原価計算表〉

原価計算表とは、各現場ごとの工事原価を一覧表にしたものです。

原 価 計 算 表　（単位：円）

摘　　要	１号現場	２号現場	合　計
	当期発生	当期発生	
材　料　費	3,000	1,800	4,800
労　務　費	2,000	1,700	3,700
外　注　費	1,500	1,100	2,600
経　　　費	1,000	400	1,400
合　　計	7,500	5,000	12,500
備　　考	完　成	未完成	

「完成分」と「未完成分」との合計金額です。

〈勘定連絡図〉

勘定連絡図とは、勘定口座のつながりによって工事原価の全体の流れを表した図です。

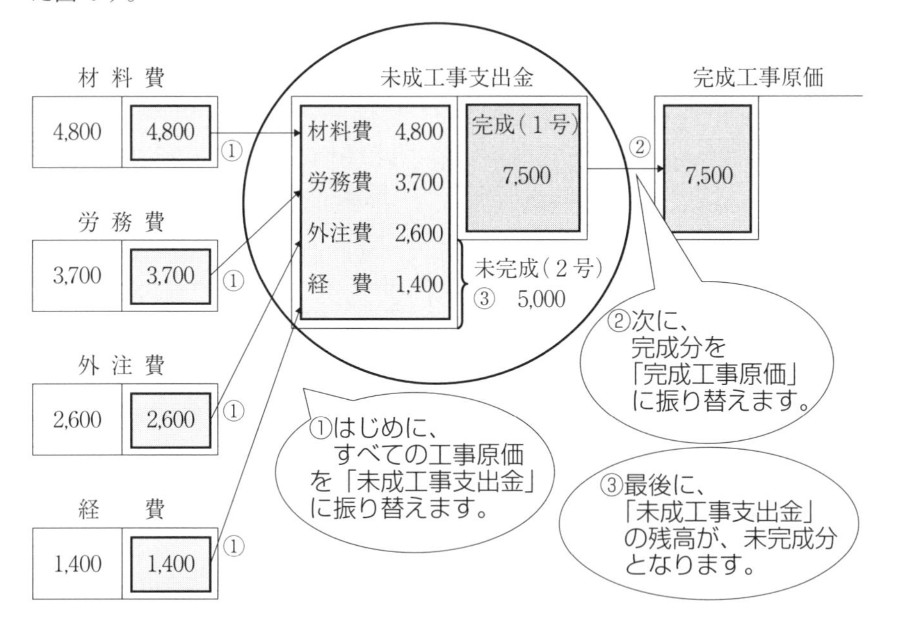

☆会社では、１つの現場の工事のみを行う場合は少なく、通常は複数の現場の工事を同時に行っているのが一般的です。

各現場では工事の規模や進捗などにより、それぞれに工事原価が発生します。

その各現場ごとに発生した工事原価は、もちろん帳簿に記録しておきます。

その帳簿を、「工事台帳」といいます。

つまり、**「工事台帳」を一覧表にしたものが『原価計算表』です。**

原価計算において『原価計算表』はとても重要な『表』の１つとなります!!

☆はじめに前提として、

『当期末において工事はすべて完成し、引渡し済みである。』

場合で学習しましょう。

〈線　表〉

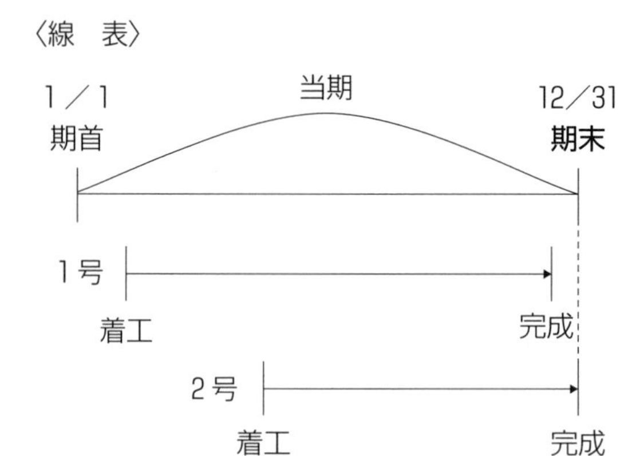

〈原価計算表〉

原 価 計 算 表　　(単位：円)

摘　　要	1号現場	2号現場	合　計
	当期分	当期分	
材　料　費	3,000	1,800	4,800
労　務　費	2,000	1,700	3,700
外　注　費	1,500	1,100	2,600
経　　　費	1,000	400	1,400
合　　計	7,500	5,000	12,500
備　　考	完　成	完　成	

「完成分」の
合計金額です。

〈工事原価の流れ〉

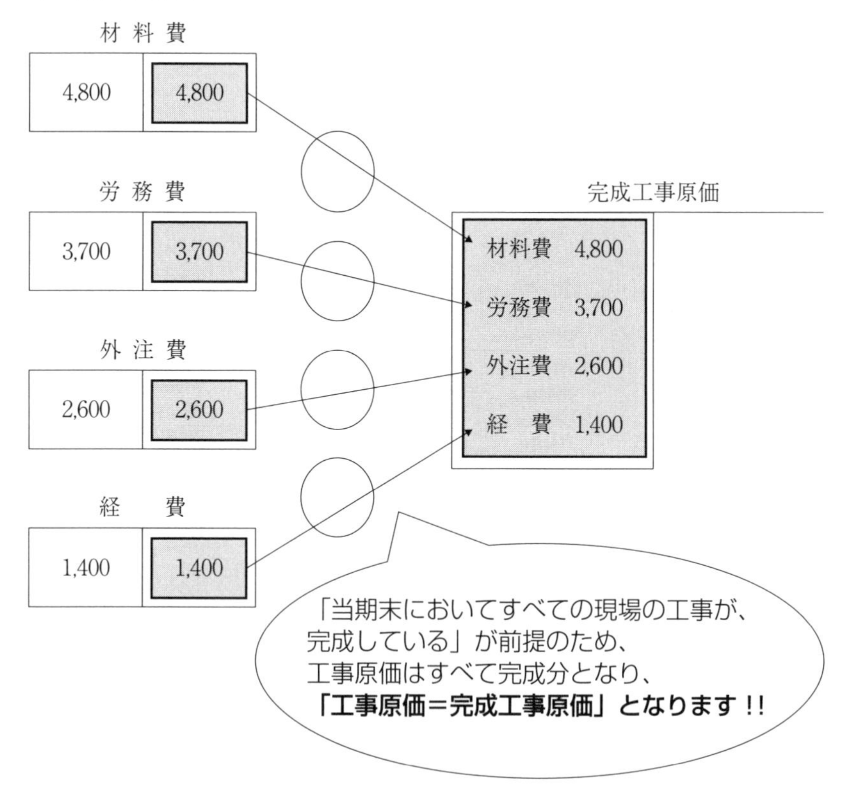

次の前提として、

「**当期末においては、完成した現場もあれば、未完成の現場もある。**」場合で学習しましょう。

〈線　表〉

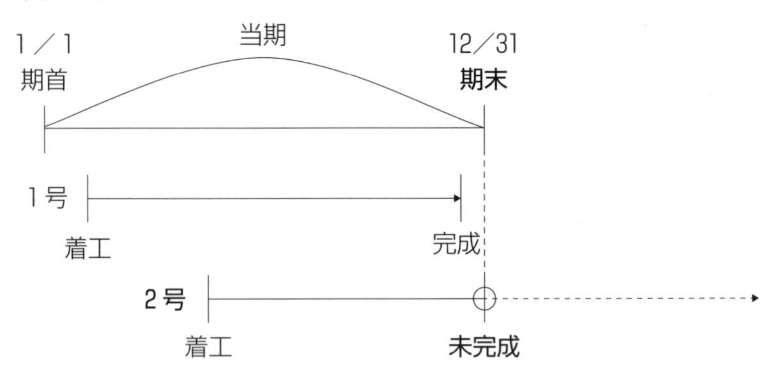

〈原価計算表〉

原 価 計 算 表　（単位：円）

摘　要	1号現場	2号現場	合　計
	当期分	当期分	
材　料　費	3,000	1,800	4,800
労　務　費	2,000	1,700	3,700
外　注　費	1,500	1,100	2,600
経　　　費	1,000	400	1,400
合　計	7,500	5,000	12,500
備　考	完　成	未完成	

「完成分」と
「未完成分」との
合計金額です。

〈工事原価の流れ〉

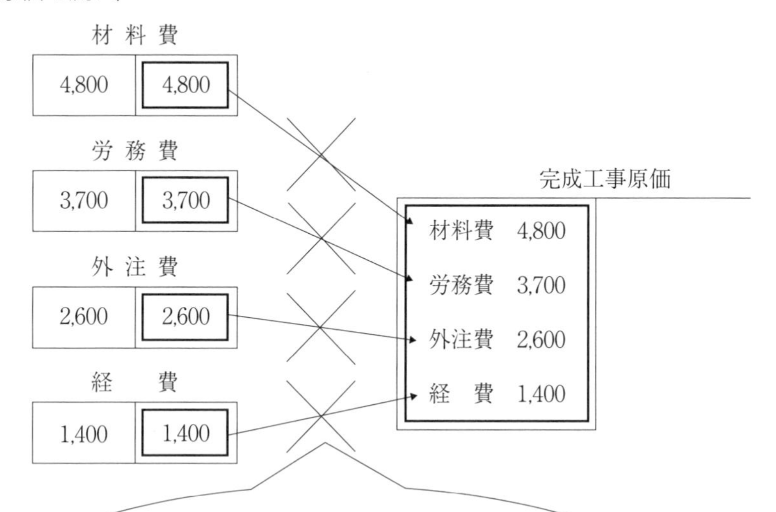

「当期末において２号現場の工事は未完成である！」
が前提のため、工事原価には未完成分も含まれていますので、
「工事原価≠完成工事原価」と、イコールになりません !!
つまり、
各工事原価から直接的に完成工事原価の集計はできません。

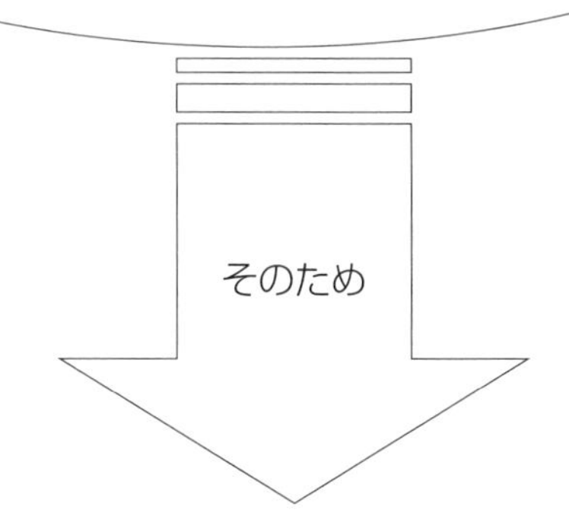

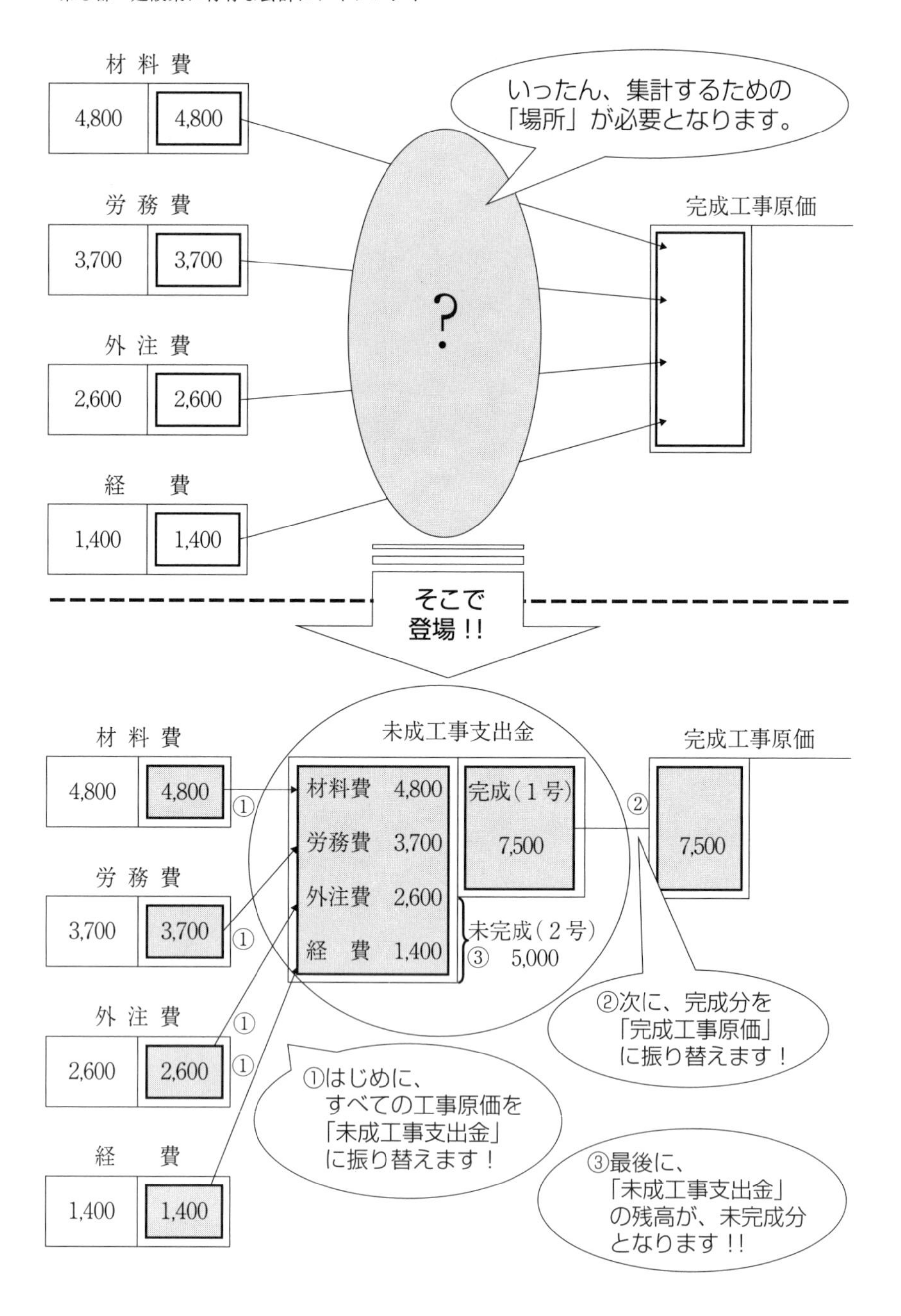
材料費
4,800
4,800
労務費
3,700
3,700
外注費
2,600
2,600
経　費
1,400
1,400
いったん、集計するための「場所」が必要となります。
?
完成工事原価
そこで登場!!
材料費
4,800
4,800
労務費
3,700
3,700
外注費
2,600
2,600
経　費
1,400
1,400
未成工事支出金
材料費　4,800
労務費　3,700
外注費　2,600
経　費　1,400
完成（１号）
7,500
未完成（２号）
③　5,000
完成工事原価
7,500
①
②
①はじめに、すべての工事原価を「未成工事支出金」に振り替えます！
②次に、完成分を「完成工事原価」に振り替えます！
③最後に、「未成工事支出金」の残高が、未完成分となります!!

⑶　未完成（２号現場）は翌期どうなるの？

当期末において未完成の現場は、翌期以降において完成を目指し、工事が行われます。

それでは『未成工事支出金』では、どのように処理されるのでしょうか？

当期末の『未成工事支出金』の未完成部分は、翌期に繰り越されます。

ですので、**当期末の未完成部分を「次期繰越」**といいます。

では、翌期はどのように処理されるのでしょうか？

当期末の「次期繰越」部分は、翌期首の『未成工事支出金』のスタートの金額となります。また、**「当期は翌期から見れば前期」となりますので、このスタートの金額を「前期繰越」**といいます。

そして、**翌期は新たな現場の工事が始まります！!**

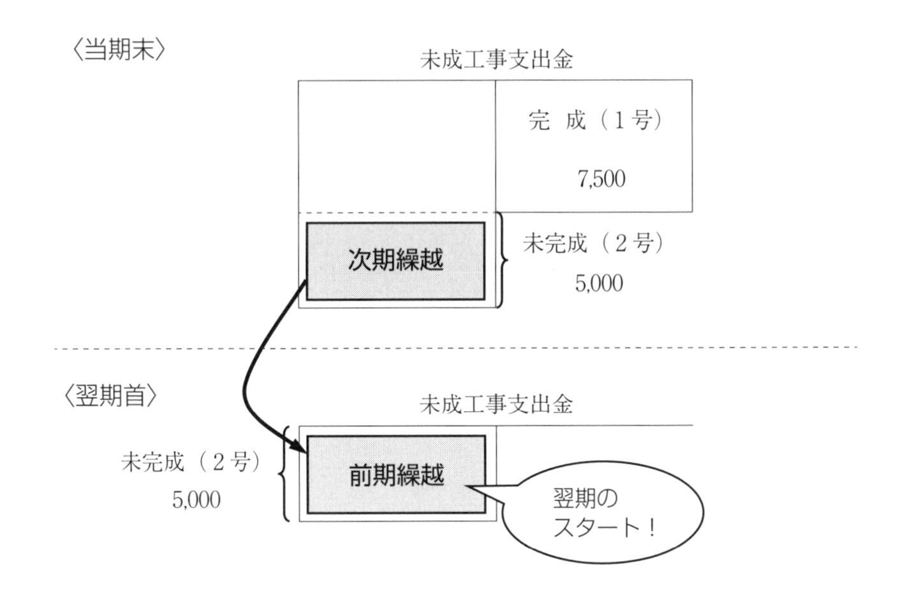

〈線　表〉

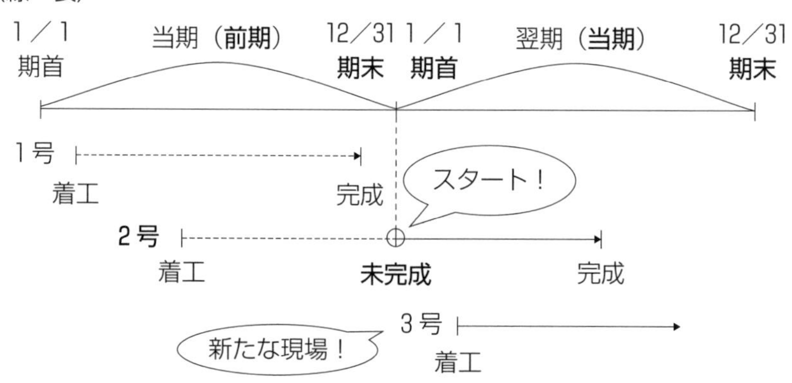

〈原価計算表〉

〈当期〉

原価計算表　（単位：円）

摘要	1号現場	2号現場	合計
	当期分	当期分	
材料費	3,000	1,800	4,800
労務費	2,000	1,700	3,700
外注費	1,500	1,100	2,600
経費	1,000	400	1,400
合計	7,500	5,000	12,500
備考	完成	未完成	

〈翌期〉

原価計算表　（単位：円）

摘要	2号現場		3号現場	合計
	前期分	当期分	当期分	
材料費	1,800	×××	×××	×××
労務費	1,700	×××	×××	×××
外注費	1,100	×××	×××	×××
経費	400	×××	×××	×××
合計	5,000	×××	×××	×××
備考	×××		×××	

⑷　完成工事原価報告書

『完成工事原価報告書』とは、名称通り「完成工事原価の内訳を報告する書類」です。

「完成工事原価の内訳」とは、材料費、労務費、外注費、そして、経費のうち完成分に相当する部分のことです。つまり、完成工事高に対応する工事原価のことです。なぜ、『完成工事原価報告書』が必要かといいますと、すべての工事原価は、はじめに「未成工事支出金」に振り替えられ、次に、完成分は「完成工事原価」へと振り替えられます。

そして最終的に「完成工事原価」はＰ／Ｌに記載されます。

Ｐ／Ｌの「完成工事原価」を見ても、その内訳はわからないですね。

そこで、『完成工事原価報告書』が必要となります。

建設業において『完成工事原価報告書』は、

Ｂ／Ｓ・Ｐ／Ｌと並ぶ重要な決算書の１つとなります。

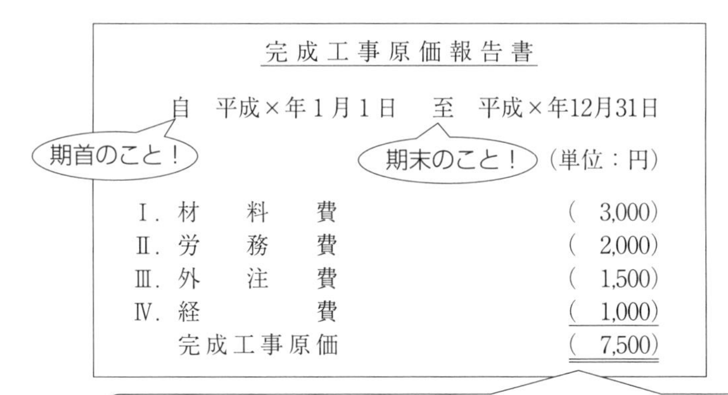

完成工事原価報告書

自　平成×年１月１日　　至　平成×年12月31日

（単位：円）

Ⅰ．材　料　費	（　3,000）
Ⅱ．労　務　費	（　2,000）
Ⅲ．外　注　費	（　1,500）
Ⅳ．経　　　費	（　1,000）
完成工事原価	（　7,500）

今回は、
１号現場のみが完成していますので、
「原価計算表」より、１号現場の工事原価の内訳が記載されます。
また、
「完成工事原価」の金額と「完成工事原価報告書」の合計金額は、当然、一致します。

設問にチャレンジ！

次の原価計算表、未成工事支出金勘定に基づいて、完成工事原価報告書を作成しなさい。

原価計算表

(単位：円)

摘　　要	1号現場		2号現場	3号現場	合　計
	前期分	当期分	当期分	当期分	
材　料　費	1,800	2,200	1,200	2,500	7,700
労　務　費	1,700	2,300	2,100	2,600	8,700
外　注　費	1,100	1,900	2,000	2,100	7,100
経　　　費	400	1,600	1,500	1,800	5,300
合　計	5,000	8,000	6,800	9,000	28,800
備　考	完　成		未完成	完　成	

未成工事支出金

前期繰越	(　　)	完成工事原価	(　　)
材料費	(　　)	次期繰越	(　　)
労務費	(　　)		
外注費	(　　)		
経費	(　　)		
	(　　)		(　　)

完成工事原価報告書

自　平成×年１月１日　　至　平成×年12月31日

(単位：円)

Ⅰ．材　料　費	(　　　)
Ⅱ．労　務　費	(　　　)
Ⅲ．外　注　費	(　　　)
Ⅳ．経　　　費	(　　　)
完成工事原価	(　　　)

【解　答】

未成工事支出金

前期繰越	(5,000)	完成工事原価	(22,000)
材料費	(5,900)	次期繰越	(6,800)
労務費	(7,000)		
外注費	(6,000)		
経費	(4,900)		
	(28,800)		(28,800)

完成工事原価報告書
自　平成×年1月1日　　至　平成×年12月31日

（単位：円）

Ⅰ．材料費	(6,500)
Ⅱ．労務費	(6,600)
Ⅲ．外注費	(5,100)
Ⅳ．経費	(3,800)
完成工事原価	(22,000)

【解　説】

☆完成・未完成の判別はしっかりと!!

まず、問題に「完成には○」を「未完成には×」の目印を付しておきます。

合　計	5,000	8,000	6,800	9,000	28,800
備　考	完成		未完成	完成	

☆『完成工事原価報告書』の解答に際しては、前期分の合算を忘れないようにしましょう!!

完成した現場の工事は、当然、前期分・当期分ともに完成です。

原価計算表　（内訳）

（単位：円）

摘要	1号現場		2号現場	3号現場	合計
	前期分	当期分	当期分	当期分	
材料費	1,800	2,200	1,200	2,500	7,700
労務費	1,700	2,300	2,100	2,600	8,700
外注費	1,100	1,900	2,000	2,100	7,100
経費	400	1,600	1,500	1,800	5,300
合計	5,000	8,000	6,800	9,000	28,800
備考	完成		未完成	完成	

前期分と当期分との合計額です！

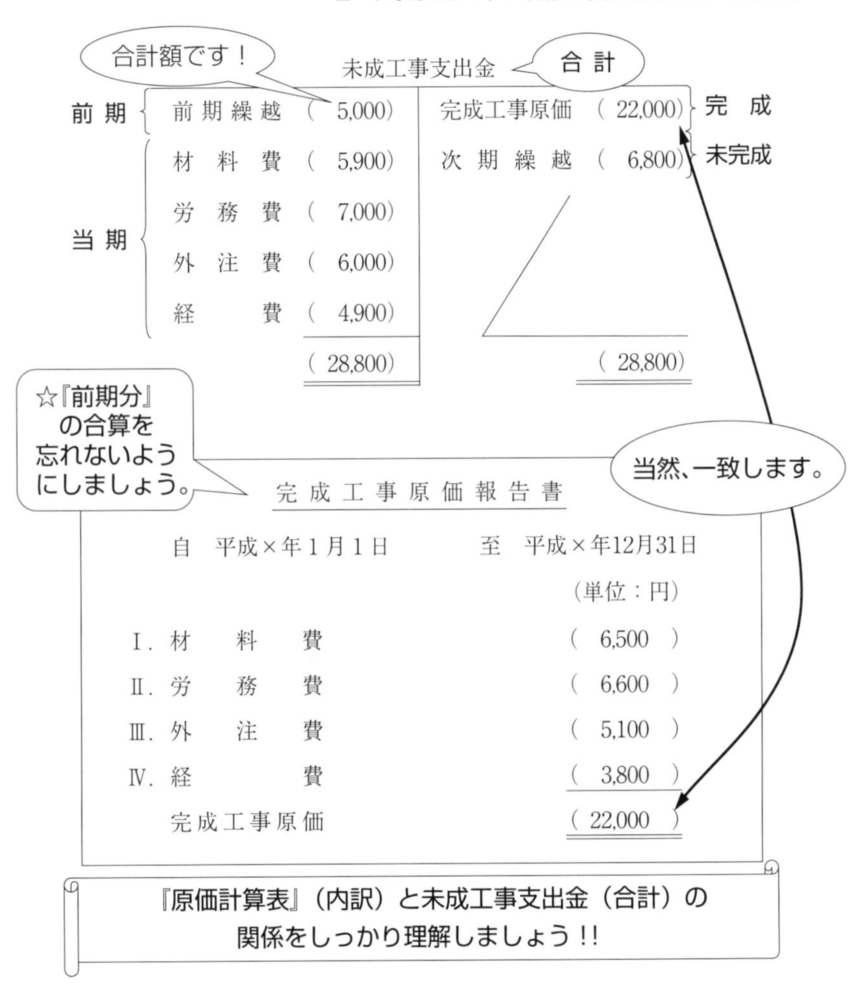

いかがでしたか？では、皆さん、また「聴講生」から本書の読者に戻って頂いて、解説を続けたいと思います。

(5)　勘定記入と工事原価計算

原価計算基準に記述されているように、一般的な原価計算は、次のステップを意識してそのシステムを構築しています。

費目別計算　⇨　部門別計算　⇨　製品別計算
（建設業では工事別計算）

建設業は個別原価計算を適用しますから、建設業の原価計算でも、基本的には、受注工事別にこのステップを採用すればよいわけです。

その際、受注工事別に把握・集計できる費用は、「直接費」ですから、そのまま工事別の工事台帳に記帳することができます。これに対して、工事現場に共通の「間接費」は、工事間接費とか現場共通費とか呼ばれています。

間接費の配賦には、いくつかの方法がありますが、実務的には、次の２つのいずれを適用するか選択してください。

①　工事間接費もしくは現場共通費の内容によって、適切な配賦基準を選択して、その時に実施していた工事に配賦する。たとえば、複数の工事現場を監督する現場管理者の給料は、各工事現場に関わった日数で配賦し、資材運搬用の車両に係る経費は、移動した時間の比で配賦するといった方法です。

　これは、先の原価計算のステップの部門別計算を省略した方法です。

②　工事間接費もしくは現場共通費の工事原価中に占める割合が、比較的多額でその配賦に重要性がある場合、たとえば、工事現場に共通する資材センターや管理事務所を経常的に維持している場合は、部門別計算を実施して、できるだけ適正な間接費の配賦を実施する方法です。

後述の②は、前述の原価計算のステップを順次進めていく方法です。次の図を参照してください。

【実際工事原価計算の基本ステップ】

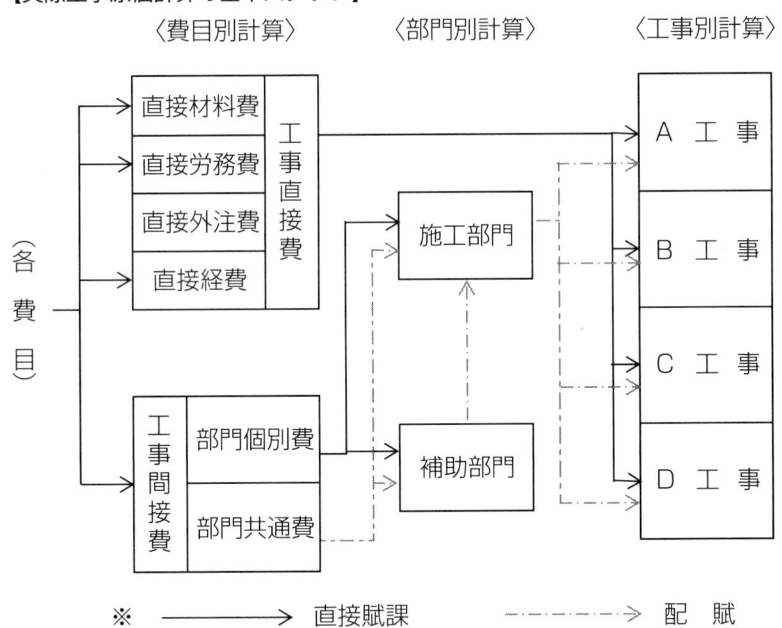

以上の流れを会計上の勘定の流れで見てみると、次のようになります。

【実際原価計算制度における原則的勘定連絡図】

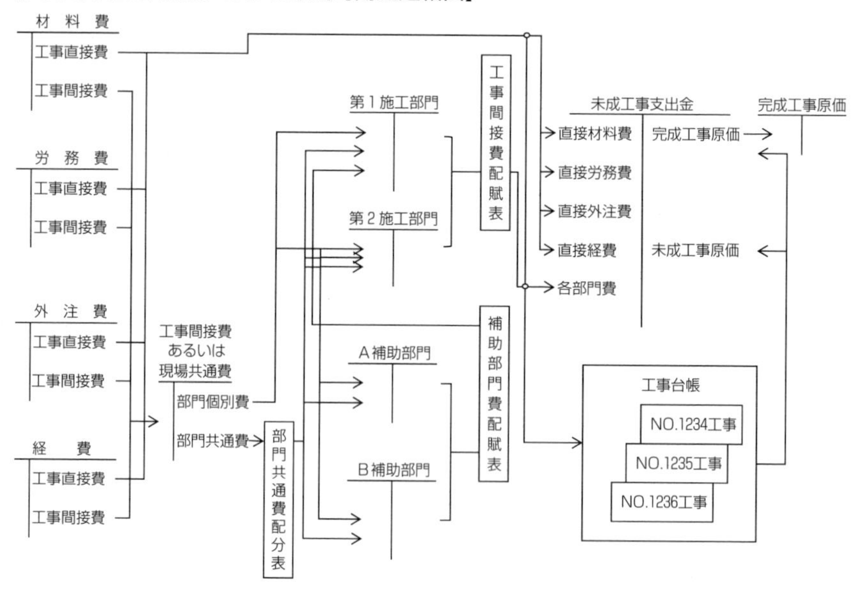

建設業会計における個別原価計算の基本は、個々の工事について「工事台帳」に記帳していくことです。ただし、工事台帳そのものは会計帳簿ではありませんから、会計的には、これを各勘定に記帳していく姿もしっかり理解しておいてください。ただし、上図は本格的に部門別計算もはさんで会計処理する方法です。部門別計算を省略して簡便な処理を採用することも、ごく一般的に利用されています。

Ⅳ 作る！　読みとく！　建設業の財務諸表

1．建設業の損益計算書

損益計算書とは、一会計期間に属するすべての収益とこれに対応する費用とを記載して、企業の経営成績を明らかにする決算書です。

損益計算書は、次のとおり区分表示することが求められます。

損益計算書

				説明	区分
Ⅰ	売上高			（売上に関する収益）	営業損益計算　※営業活動の成果
	完成工事高	××			
	兼業売上高	××	××		
Ⅱ	売上原価			（売上高に対応する原価）	
	完成工事原価	××			
	兼業売上原価	××	××		
	売上総利益		××	（＝Ⅰ－Ⅱ）	
Ⅲ	販売費及び一般管理費			（営業活動に要した費用のうち、売上原価に算入されないもの）	
	給料	××			
	通信交通費	××			
	広告宣伝費	××			
	・・・・	××	××		
	営業利益		××	（＝売上総利益－Ⅲ）	
Ⅳ	営業外収益			（営業活動以外の活動から経常的に発生する収益）	経常損益計算　※経常的な活動の成果
	受取利息	××			
	・・・・	××	××		
Ⅴ	営業外費用			（営業活動以外の活動から経常的に発生する費用）	
	支払利息	××			
	・・・・	××	××		
	経常利益		××	（＝営業利益＋Ⅳ－Ⅴ）	
Ⅵ	特別利益			（業務とは関係のない部分で臨時的に発生した収益）	
	固定資産売却益	××			

・・・・	××	××		
Ⅶ　特別損失			（業務とは関係のない部分で臨時的に発生した費用）	
災害損失	××			
・・・・	××	××		
税引前当期純利益		××	（＝経常利益＋Ⅵ－Ⅶ）	
法人税、住民税及び事業税		××		
当期純利益		××	（＝税引前当期純利益－法人税等）	

純損益計算　※企業活動全体の成果

損益計算書を構成する各項目を説明しておきます。

①売上高

売上高の区分には、売上に関する収益を計上します。

建設業の売上である「完成工事高」はもちろんのこと、建設業以外の事業を併せて営んでいる場合には、当該事業の売上高も記載します（「工事資材販売売上高」、「不動産事業売上高」、「リース事業売上高」など）。

②売上原価

売上原価の区分には、売上高に計上した収益に対応する原価を計上します。

建設業の売上原価である「完成工事原価」はもちろんのこと、建設業以外の事業を併せて営んでいる場合には、当該事業の売上原価も記載します（「工事資材販売売上原価」、「不動産事業売上原価」、「リース事業売上原価」など）。

③売上総利益

売上高に計上された収益の合計額から売上原価に計上された原価の合計額を差し引いて「売上総利益」を計上します。建設業専業の場合を想定すると、売上総利益は、工事契約額からそれに対応する原価を引いた残りであるため、本社経費等を加味する前の工事そのものの採算性を見ることができます。売上総利益は、一般的には粗利益ともいわれます。

④販売費及び一般管理費

販売費及び一般管理費の区分には、本店・支店・営業所等で発生した販売業務や一般管理業務の費用を計上します。

たとえば、本社事務や営業に従事する従業員の給料・手当、本支店の事務所の家賃、広告宣伝に要した費用などが考えられます。

⑤営業利益

売上総利益から販売費及び一般管理費に計上された費用の合計額を差し引いて「営業利益」を計上します。営業利益は、企業の本来の営業活動の成果を示すものであり、企業の本業における収益性を見ることができます。

なお、損益計算書の売上高から営業利益までの部分を「営業損益計算」の区分といいます。

⑥営業外収益

営業外収益の区分には、企業の営業活動以外の活動によって生ずる収益のうち、経常的に発生するものを計上します。

たとえば、金融機関へ預金するという財務活動から生ずる利息や、株式の所有に伴い受領する配当金などが考えられます。

⑦営業外費用

営業外費用の区分には、企業の営業活動以外の活動によって生ずる費用のうち、経常的に発生するものを計上します。

たとえば、金融機関からの借入という財務活動に伴って生ずる利息や、海外企業と経常的に取引している企業における為替変動による費用などが考えられます。

⑧経常利益

営業利益に営業外収益に計上された収益の合計額を加算し、営業外費用に計上された費用の合計額を差し引いて「経常利益」を計上します。経常利益は、営業活動に加えて企業が通常行っているその他の活動を含めた経済活動の成果を示すものであり、企業の経常的な収益性を見ることができます。

なお、損益計算書の営業外収益から経常利益までの部分を「経常損益計算」の区分といいます。

⑨特別利益

特別利益の区分には、企業の通常の活動以外の特別な要因から一時的に発生した収益および前期以前の利益をプラス方向に修正させる項目を計上します。

たとえば、不動産を売却したことによる売却益や、過年度に償却済みの債権を回収できた場合の利益などが考えられます。

⑩特別損失

特別損失の区分には、企業の通常の活動以外の特別な要因から一時的に発生した費用および前期以前の利益をマイナス方向に修正させる項目を計上します。

たとえば、災害に伴う損失や、過年度の減価償却費の不足額の修正などが考えられます。

⑪税引前当期純利益

経常利益に特別利益に計上された収益の合計額を加算し、特別損失に計上された費用の合計額を差し引いて「税引前当期純利益」を計上します。税引前当期純利益は、一会計期間の企業のすべての活動の成果を示すものであり、法人税等の税金控除前の企業の全般的な収益性を見ることができます。

⑫法人税、住民税および事業税

企業に課せられる税金のうち、法人税、住民税および事業税を記載します。これらの税金は、企業活動のすべてから獲得した利益に関連して課されます。このため、これらの税金費用は上記の区分のいずれかに分類することができず、単独表示することになります。

⑬当期純利益

税引前当期純利益から法人税等を差し引いて「当期純利益」を計上します。当期純利益は、一会計期間において企業のすべての活動の成果を示すものであり、企業が獲得した処分可能な利益となります。

なお、損益計算書の特別利益から当期純利益までの部分を「純損益計算」の区分といいます。

2．建設業の貸借対照表

貸借対照表とは、貸借対照表日（期末日）におけるすべての資産、負債、純資産を記載して、企業の財政状態を明らかにする決算書です。

貸借対照表は、資産、負債、純資産の順で表示する報告式と、借方・貸方を設け借方に資産、貸方に負債・純資産を対照表示する勘定式があります。建設業許可や経営事項審査などでは報告式が求められますが、経営管理上は勘定式のほうがわかりやすく、実践において活用されています。

＜報告式＞

報告式
資産の部
Ⅰ　流動資産
Ⅱ　固定資産
Ⅲ　繰延資産
負債の部
Ⅰ　流動負債
Ⅱ　固定負債
純資産の部
Ⅰ　株主資本
Ⅱ　評価・換算差額等
Ⅲ　新株予約権

＜勘定式＞

資産の部	負債の部
Ⅰ　流動資産	Ⅰ　流動負債
Ⅱ　固定資産	Ⅱ　固定負債
Ⅲ　繰延資産	
	純資産の部
	Ⅰ　株主資本
	Ⅱ　評価・換算差額等
	Ⅲ　新株予約権

貸借対照表（勘定式）

（資産の部）	（負債の部）
Ⅰ　流動資産	Ⅰ　流動負債
現金預金	営業債務、短期金銭債務
営業債権、短期金銭債権	未成工事受入金
棚卸資産など	工事損失引当金など
Ⅱ　固定資産	Ⅱ　固定負債
(1)　有形固定資産	長期金銭債務
建物、機械、土地など	退職給付引当金など
(2)　無形固定資産	
特許権、商標権など	（純資産の部）
(3)　投資その他の資産	Ⅰ　株主資本
長期金銭債権	(1)　資本金
投資目的の資産など	(2)　資本剰余金
Ⅲ　繰延資産	(3)　利益剰余金
創立費、開業費など	(4)　自己株式
	Ⅱ　評価・換算差額等
	Ⅲ　新株予約権
資産合計　××	負債・純資産合計　××

①　貸借対照表の配列

建設業は、資産・負債について、それらを構成する項目を流動項目から固定項目の順に記載することが要求されており、資産項目は「流動資産、固定資産、繰延資産」の順で、負債項目は、「流動負債、固定負債」の順で配列されます。このような科目の配列順を「流動性配列法」といいます。

②　流動資産・固定資産、流動負債・固定負債の分類

貸借対照表に記載される資産（繰延資産を除く）ならびに負債は流動・固定に分類しなければなりませんが、それにあたっては、次の基準が用いられます。

ア　正常営業循環基準

正常な営業取引の過程にある資産・負債を流動資産・流動負債に分類するという基準で、資産・負債にはまずはこの基準が適用されます。

具体的には、正常な営業取引から発生する債権・債務（完成工事未収入金、工事未払金など）、棚卸資産（将来的に販売することを目的として所有する資産。建設業では未成工事支出金、原材料など）が該当します。

イ　一年基準

正常営業循環基準で流動資産・流動負債に分類された資産・負債以外に対しては、一年基準が適用されます。

一年基準とは、貸借対照表日の翌日から起算して１年以内に受取期限・支払期限が到来する債権・債務や、貸借対照表日の翌日から起算して１年以内に費用となる資産を流動資産・流動負債に分類し、貸借対照表日の翌日から起算して１年を超えて受取期限・支払期限が到来する債権・債務や、貸借対照表日の翌日から起算して１年を超えて費用となる資産を固定資産・固定負債に分類する基準です。

③　固定資産

固定資産に分類された資産は、さらに「有形固定資産」「無形固定資産」「投資その他の資産」に分類します。

ア　有形固定資産

経営目的のために１年以上所有・使用し、それらの加工もしくは売却を予定しない有形の資産が、有形固定資産です。

具体的には、「建物」「機械装置」「備品」「土地」などが該当します。

イ　無形固定資産

長期間にわたり継続的に企業に対して優位性を与えるような法律的権利または経済価値が、無形固定資産です。

具体的には、「特許権」「実用新案権」「借地権」「ソフトウェア」などが該当します。

ウ　投資その他の資産

固定資産のうちアおよびイに該当しない資産が、投資その他の資産です。

具体的には、投資目的で所有している不動産や有価証券、取引先の経営状況悪化に伴い不良化した金銭債権（更生債権、再生債権等）などが、考えられます。

④　繰延資産

対価の支払が完了し、これに対する役務の提供を受けている支出で、その効果が将来にわたって発現すると期待されるものがあります。この支出は、発生した会計期間の費用として処理することもできますし、効果が及ぶ期間にわたって償却していく処理も認められます。後者の場合には、支出を資産として計上する必要があり、これが「繰延資産」です。

繰延資産は、「創立費」「開業費」「開発費」「株式交付費」「社債発行費」「新株予約権交付費」の６つに限定されています。

⑤　純資産

資産から負債を差し引いたものが「純資産」であり、企業の保有する純財産であるといえます。

純資産は「株主資本」「評価・換算差額等」「新株予約権」に分類しますが、ここでは株主資本のみを説明します。

株主資本とは、純資産のうち企業の所有者である株主の持分であり、「資本金」「資本剰余金」「利益剰余金」「自己株式」に分類されます。

企業の設立時または設立後の株式の発行に際して株主となる者が金銭等の財産の払込みを行います。これに際し企業が受け入れた財産の全額が資本金となることが原則ですが、このうちの一部を資本金としないことも可能であり、資本金に組み入れない部分が資本剰余金です。

利益剰余金とは、企業活動で得た処分可能利益のうち処分せずに社内に留保しているものをいい、利益を源泉とした株主資本の増加部分になります。

企業が自社の発行済株式を取得した場合には、通常の有価証券とは区別し、株主資本のマイナス項目として貸借対照表に記載していきます。

Ⅴ やさしいケースで学んでみよう―工事完成基準と工事進行基準

第3部の解説を読んでいただいたので、建設業会計のおおよその全体像をつかんでいただいたことと思います。**第3部**の最後として、実践的なケースで会計整理の方法を説明しましょう。

建設業会計を学ぶためには、受注した建設工事の収益（売上高あるいは完成工事高）をいつどのように計上するか、という大きな課題があります。ケースを学ぶ前提として、この建設業における収益認識に関する知識を簡単に付言しておきます。

［参考］日本の収益認識の考え方

建設業に代表される業務請負型の産業においては、他の産業と異なる固有の特性から建設業の収益認識について、伝統的に、次の２つの基準が並存していました。

まず、**工事完成基準**とは、商品・製品の販売業務と同様に、収益の実現の時を工事が完成し発注者に引き渡し完了した時とする方法です。工事代金（対価）の受領は、その完成・引渡しをもって確定するという商慣行に支えられたものと考えることができます。わが国では、後述する税制改正まで長い間、ほとんどの建設企業において、この工事完成基準が建設工事の収益認識基準として採用されてきました。

次に、**工事進行基準**とは、建設工事を受注した後、完成・引渡しにいたる間、当該工事の収益は、工事の進捗とともに順次発生しているので、収益の認識は、工事の進行とともに把握していくという方法です。建設工事の対価の受領は契約時に成立しており、工事が進むにつれてその対価も部分的に確定していくとする考えに支えられたものと考えることができます。企業における実態業績の適切な開示という強い要請とともに、国際会計基準が原則として採用する方式です。

このような状況下、わが国の「企業会計原則」は、建設工事の収益認識のあり方を次のように定めています。

「長期の請負工事に関する収益の計上については、工事進行基準又は工事完成基準のいずれかを選択適用することができる。」（企業会計原則注解注７）

企業会計原則は法規ではありませんが、他の法規範の制定、改廃において尊重されるべき一般に公正妥当な会計慣行の収斂と理解されています。会社法や金融商品取引法の下にある諸会計基準も、建設工事の収益認識について特段の規定をしていないことから、この解釈が会計基準としての基本原則になるものと考えられていました。ただし、この注解は、「長期の請負工事」の収益認識における選択的な適用を規定したもので、短期の請負工事はこの適用を受けませんから、一般の製品製造販売に順ずる実現主義による収益認識すなわち工事完成基準が適用されるものと解されています。

ところが、日本の企業会計基準委員会は、2008年（平成20年）、企業会計基準として「工事契約に関する会計基準」と「工事契約に関する会計基準の適用指針」を公表し、平成21年４月１日以降開始する事業年度に着手する工事契約に適用する会計基準が確定しました。これによって、工事完成基準と工事進行基準の並存の状況は、原則を工事進行基準に置く認識基準へと大きく方向転換しました。

この目的は、国際会計基準とのいわゆる「会計コンバージェンス（収斂化）」に他なりません。

さらに、わが国の法人税法は、1998年（平成10年）、長期（２年以上）で大規模（50億円以上）の建設工事については、工事進行基準をすべての企業に対して強制的に適用するよう、その規定を改正しました。その後、適用基準は１年－10億円以上にまで引き下げられ、法人税法のいう長期大規模工事には工事進行基準が導入されたことになりました。

〔設　例〕

次のデータに基づき、工事完成基準の場合と工事進行基準の場合について解答しなさい。

工期３年（会計期間：４／１～３／31）

工事収益総額　¥1,500,000

見積工事原価総額　¥1,000,000

実際工事原価　１年目¥300,000　２年目¥500,000　３年目¥200,000

〈図　解〉

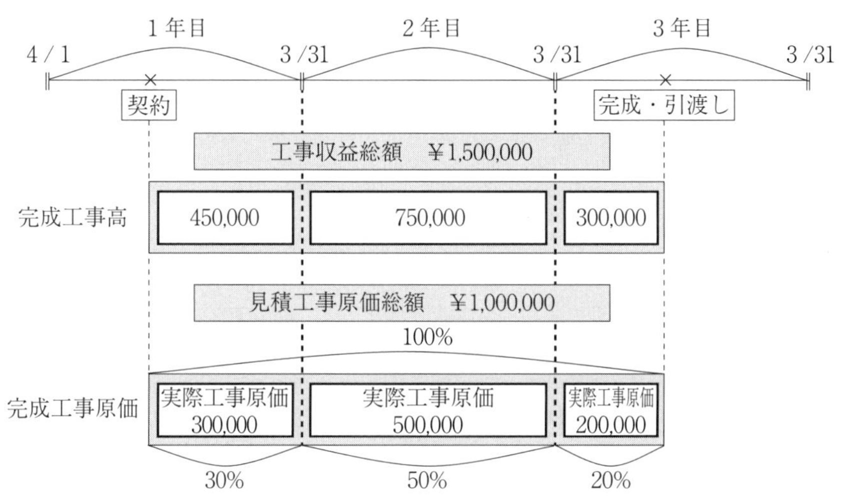

［解　答］

工事完成基準の場合

	１年目	２年目	３年目
完成工事高（収益）	¥0	¥0	¥1,500,000
完成工事原価（費用）	¥0	¥0	¥1,000,000
完成工事総利益（利益）	¥0	¥0	¥500,000

工事進行基準の場合

	１年目	２年目	３年目
完成工事高（収益）	¥450,000	¥750,000	¥300,000
完成工事原価（費用）	¥300,000	¥500,000	¥200,000
完成工事総利益（利益）	¥150,000	¥250,000	¥100,000

例題１▶工事完成基準の場合

第１年度

1．￥2,000,000の工事契約を締結した。工期は３年であり、当社は工事完成基準により収益を計上する。なお、実行予算に基づく見積り工事原価総額は￥1,800,000である。

仕訳なし

2．契約に基づき、前受金￥400,000を現金で受領した。

借方	金額	貸方	金額
現　　金	400,000	未成工事受入金	400,000

3．材料Ａの代金￥60,000を現金で支払い、現場へ搬入した。

借方	金額	貸方	金額
材料費	60,000	現　　金	60,000

4．材料Ｂを製作工場に発注し、仕入先に対して代金￥150,000を現金で支払った。

借方	金額	貸方	金額
前渡金	150,000	現　　金	150,000

5．材料Ｂ￥100,000を製作工場から現場に投入した。

借方	金額	貸方	金額
材料費	100,000	前渡金	100,000

6．専門工事業者より外注代金￥235,000の請求を受けた。

借方	金額	貸方	金額
外注費	235,000	工事未払金	235,000

7．現場作業員の賃金￥10,000を現金で支払った。

借方	金額	貸方	金額
労務費	10,000	現　　金	10,000

8．現場の諸経費￥50,000を現金で支払った。

借方	金額	貸方	金額
経　費	50,000	現　金	50,000

9．第1年度の決算を迎えた。

借方	金額	貸方	金額
未成工事支出金	455,000	材料費	160,000
		労務費	10,000
		外注費	235,000
		経　費	50,000

〈第1年度の財務諸表〉（単位：円）

損益計算書	
完成工事高	0
完成工事原価	0
完成工事総利益	0

貸借対照表			
完成工事未収入金	0	未成工事受入金	400,000
未成工事支出金	455,000		
前　渡　金	50,000		

第2年度

10．契約に基づき、中間金￥400,000を現金で受領した。

借方	金額	貸方	金額
現　金	400,000	未成工事受入金	400,000

11．材料Cの代金￥248,000を現金で支払い、現場へ搬入した。

借方	金額	貸方	金額
材料費	248,000	現　金	248,000

12．材料B￥50,000を製作工場から現場に投入した。

借方	金額	貸方	金額
材料費	50,000	前渡金	50,000

13. 専門工事業者より外注代金¥450,000の請求を受けた。

外 注 費	450,000	工事未払金	450,000

14. 現場作業員の賃金¥50,000を現金で支払った。

労 務 費	50,000	現　　金	50,000

15. 現場の諸経費¥100,000を現金で支払った。

経　　費	100,000	現　　金	100,000

16. 第2年度の決算を迎えた。

未成工事支出金	898,000	材 料 費	298,000
		労 務 費	50,000
		外 注 費	450,000
		経　　費	100,000

〈第2年度の財務諸表〉（単位：円）

損益計算書	
完成工事高	0
完成工事原価	0
完成工事総利益	0

貸借対照表			
完成工事未収入金	0	未成工事受入金	800,000
未成工事支出金	1,353,000		

第3年度

17. 材料Dの代金¥95,000を現金で支払い、現場へ搬入した。

材 料 費	95,000	現　　金	95,000

18. 専門工事業者より外注代金￥297,000の請求を受けた。

外注費	297,000	工事未払金	297,000

19. 現場作業員の賃金￥5,000を現金で支払った。

労務費	5,000	現金	5,000

20. 現場の諸経費￥50,000を現金で支払った。

経費	50,000	現金	50,000

21. 工事が完成したので発注者へ引き渡し、工事代金の残額を請求した。

未成工事支出金	447,000	材料費	95,000
		労務費	5,000
		外注費	297,000
		経費	50,000
完成工事原価	1,800,000	未成工事支出金	1,800,000
未成工事受入金	800,000	完成工事高	2,000,000
完成工事未収入金	1,200,000		

〈第3年度の財務諸表〉（単位：円）

損益計算書	
完成工事高	2,000,000
完成工事原価	1,800,000
完成工事総利益	200,000

貸借対照表			
完成工事未収入金	1,200,000	未成工事受入金	0
未成工事支出金	0		

例題２▶工事進行基準（**例題１**と同様の取引で工事進行基準により収益計上を行う。なお、原価比例法で見積り工事原価総額に変動がないケースとする）

第１年度

１．￥2,000,000の工事契約を締結した。工期は３年であり、当社は工事進行基準により収益を計上する。なお、実行予算に基づく見積り工事原価総額は￥1,800,000である。

仕訳なし

２．契約に基づき、前受金￥400,000を現金で受領した。

現　　金	400,000	未成工事受入金	400,000

３．材料Ａの代金￥60,000を現金で支払い、現場へ搬入した。

材 料 費	60,000	現　　金	60,000

４．材料Ｂを発注し、仕入先に対して代金￥150,000を現金で支払った。

前 渡 金	150,000	現　　金	150,000

５．材料Ｂ￥100,000を製作工場から現場に投入した。

材 料 費	100,000	前 渡 金	100,000

６．専門工事業者より外注代金￥235,000の請求を受けた。

外 注 費	235,000	工事未払金	235,000

７．現場作業員の賃金￥10,000を現金で支払った。

労 務 費	10,000	現　　金	10,000

8．現場の諸経費￥50,000を現金で支払った。

借方	金額	貸方	金額
経　費	50,000	現　金	50,000

9－1．第1年度の決算にあたり、すくい出し方式を採用している仮設材料の未成出来高対応部分￥10,000を資産計上する。

借方	金額	貸方	金額
材　料	10,000	材料費	10,000

(注)　仮設材料の原価処理にあたって竣工時にすくい出し方式を採用している場合には、投入時に原価処理した金額のうち期末時点での未成出来高対応分を材料として資産計上することになる。

9－2．第1年度の決算にあたり、未契約外注費の出来高相当額￥5,000を概算計上する。

借方	金額	貸方	金額
外注費	5,000	工事未払金	5,000

(注)　外注費について未契約のまま施工されている部分あるいは契約に基づいてはいるが支払保留としている部分の重要性が高い場合は、見積書等に基づく概算額あるいは支払保留額を請求書に基づく相手先別の確定債務としてではなく、工事進行基準に基づく決算のために工事別の債務として計上することになる。

9－3．第1年度の決算を迎えたため、工事原価の諸勘定を完成工事原価勘定に振り替えるとともに、工事進行基準に基づき収益を計上する。

借方	金額	貸方	金額
完成工事原価	450,000	材料費	150,000
		労務費	10,000
		外注費	240,000
		経　費	50,000
未成工事受入金	400,000	完成工事高	500,000※
完成工事未収入金	100,000		

$$※500,000=2,000,000\times\frac{450,000}{1,800,000}$$

〈第1年度の財務諸表〉（単位：円）

損益計算書	
完成工事高	500,000
完成工事原価	450,000
完成工事総利益	50,000

貸借対照表			
完成工事未収入金	100,000	未成工事受入金	0
未成工事支出金	0		
前渡金	50,000		

第2年度

9－4．仮設材料の未成出来高対応部分￥10,000の資産計上額を振り戻す。

材料費	10,000	材料	10,000

（注）前期の決算において、資産計上した仮設材を期首に材料費（未成工事支出金）に振り戻す。

9－5．未契約外注費の出来高相当額の概算計上￥5,000を振り戻す。

工事未払金	5,000	外注費	5,000

（注）9－4と同様に、外注費（未成工事支出金）に振り戻す。

10．契約に基づき、中間金￥400,000を現金で受領した。

現金	400,000	完成工事未収入金	100,000
		未成工事受入金	300,000

11. 材料Cの代金￥248,000を現金で支払い、現場へ搬入した。

材料費	248,000	現　金	248,000

12. 材料B￥50,000を製作工場から現場に投入した。

材料費	50,000	前渡金	50,000

13. 専門工事業者より外注代金￥450,000の請求を受けた。

外注費	450,000	工事未払金	450,000

14. 現場作業員の賃金￥50,000を現金で支払った。

労務費	50,000	現　金	50,000

15. 現場の諸経費￥100,000を現金で支払った。

経　費	100,000	現　金	100,000

16－1．第2年度の決算にあたり、すくい出し方式を採用している仮設材料の未成出来高対応部分￥5,000を資産計上する。

材　料	5,000	材料費	5,000

16－2．第2年度の決算にあたり、未契約外注費の出来高相当額￥2,000を概算計上する。

外注費	2,000	工事未払金	2,000

16－３．第２年度の決算を迎えたため、工事原価の諸勘定を完成工事原価勘定に振り替えるとともに、工事進行基準に基づき収益を計上する。

完成工事原価	900,000	材料費	303,000
		労務費	50,000
		外注費	447,000
		経　費	100,000
未成工事受入金	300,000	完成工事高	1,000,000※
完成工事未収入金	700,000		

$$※1,000,000=2,000,000\times\frac{450,000+900,000}{1,800,000}-500,000$$

〈第２年度の財務諸表〉（単位：円）

損益計算書	
完成工事高	1,000,000
完成工事原価	900,000
完成工事総利益	100,000

貸借対照表			
完成工事未収入金	700,000	未成工事受入金	0
未成工事支出金	0		

第３年度

16－４．仮設材料の未成出来高対応部分￥5,000の資産計上額を振り戻す。

材料費	5,000	材　料	5,000

16－５．未契約外注費の出来高相当額の概算計上￥2,000を振り戻す。

工事未払金	2,000	外注費	2,000

17. 材料Dの代金¥95,000を現金で支払い、現場へ搬入した。

借方	金額	貸方	金額
材料費	95,000	現金	95,000

18. 専門工事業者より外注代金¥297,000の請求を受けた。

借方	金額	貸方	金額
外注費	297,000	工事未払金	297,000

19. 現場作業員の賃金¥5,000を現金で支払った。

借方	金額	貸方	金額
労務費	5,000	現金	5,000

20. 現場の諸経費¥50,000を現金で支払った。

借方	金額	貸方	金額
経費	50,000	現金	50,000

21. 工事が完成したので発注者に引き渡し、工事代金の残額を請求した。

借方	金額	貸方	金額
完成工事原価	450,000	材料費	100,000
		労務費	5,000
		外注費	295,000
		経費	50,000
完成工事未収入金	500,000	完成工事高	500,000※

※500,000＝2,000,000－（500,000＋1,000,000）

〈第３年度の財務諸表〉（単位：円）

損益計算書	
完成工事高	500,000
完成工事原価	450,000
完成工事総利益	50,000

貸借対照表			
完成工事未収入金	1,200,000	未成工事受入金	0
未成工事支出金	0		

例題３▶工事進行基準（原価比例法で見積り工事原価総額に変動があるケース）

第１年度

1．¥2,000,000の工事契約を締結した。工期は３年であり、当社は工事進行基準により収益を計上する。なお、実行予算に基づく見積り工事原価総額は¥1,800,000である。

仕訳なし

2．契約に基づき、前受金¥400,000を現金で受領した。

借方	金額	貸方	金額
現　　金	400,000	未成工事受入金	400,000

3．材料Ａの代金¥60,000を現金で支払い、現場へ搬入した。

借方	金額	貸方	金額
材料費	60,000	現　　金	60,000

4．材料Ｂを発注し、仕入先に対して代金¥150,000を現金で支払った。

借方	金額	貸方	金額
前渡金	150,000	現　　金	150,000

5．材料Ｂ¥100,000を製作工場から現場に投入した。

借方	金額	貸方	金額
材料費	100,000	前渡金	100,000

6．専門工事業者より外注代金￥235,000の請求を受けた。

外 注 費	235,000	工事未払金	235,000

7．現場作業員の賃金￥10,000を現金で支払った。

労 務 費	10,000	現　　金	10,000

8．現場の諸経費￥50,000を現金で支払った。

経　　費	50,000	現　　金	50,000

9－1．第1年度の決算にあたり、すくい出し方式を採用している仮設材料の未成出来高対応部分￥10,000を資産計上する。

材　　料	10,000	材 料 費	10,000

9－2．第1年度の決算にあたり、未契約外注費の出来高相当額￥5,000を概算計上する。

外 注 費	5,000	工事未払金	5,000

9－3．第1年度の決算を迎えたため、工事原価の諸勘定を完成工事原価勘定に振り替えるとともに、工事進行基準に基づき収益を計上する。

完成工事原価	450,000	材 料 費	150,000
		労 務 費	10,000
		外 注 費	240,000
		経　　費	50,000
未成工事受入金	400,000	完成工事高	500,000※
完成工事未収入金	100,000		

$$※500,000=2,000,000\times\frac{450,000}{1,800,000}$$

〈第1年度の財務諸表〉（単位：円）

損益計算書	
完成工事高	500,000
完成工事原価	450,000
完成工事総利益	50,000

貸借対照表			
完成工事未収入金	100,000	未成工事受入金	0
未成工事支出金	0		
前　渡　金	50,000		

第2年度

9－4．仮設材料の未成出来高対応部分￥10,000の資産計上額を振り戻す。

借方	金額	貸方	金額
材　料　費	10,000	材　　料	10,000

9－5．未契約外注費の出来高相当額の概算計上￥5,000を振り戻す。

借方	金額	貸方	金額
工事未払金	5,000	外 注 費	5,000

10．契約に基づき、中間金￥400,000を現金で受領した。

借方	金額	貸方	金額
現　　金	400,000	完成工事未収入金	100,000
		未成工事受入金	300,000

11．材料Cの代金￥248,000を現金で支払い、現場へ搬入した。

借方	金額	貸方	金額
材 料 費	248,000	現　　金	248,000

12. 材料Ｂ￥50,000を製作工場から現場に投入した。

材料費	50,000	前渡金	50,000

13. 専門工事業者より外注代金￥450,000の請求を受けた。

外注費	450,000	工事未払金	450,000

14. 現場作業員の賃金￥50,000を現金で支払った。

労務費	50,000	現金	50,000

15. 現場の諸経費￥100,000を現金で支払った。

経費	100,000	現金	100,000

16－1. 第2年度の決算にあたり、すくい出し方式を採用している仮設材料の未成出来高対応部分￥5,000を資産計上する。

材料	5,000	材料費	5,000

16－2. 第2年度の決算にあたり、未契約外注費の出来高相当額￥2,000を概算計上する。

外注費	2,000	工事未払金	2,000

16－３．第２年度の決算を迎えたため、工事原価の諸勘定を完成工事原価勘定に振り替えるとともに、工事進行基準に基づき収益を計上する。なお、決算にあたり見積り工事原価総額を￥1,850,000に変更した。

完成工事原価	900,000	材料費	303,000
		労務費	50,000
		外注費	447,000
		経　費	100,000
未成工事受入金	300,000	完成工事高	959,459※
完成工事未収入金	659,459		

$$※959,459 = 2,000,000 \times \frac{450,000 + 900,000}{1,850,000} - 500,000$$

〈第２年度の財務諸表〉（単位：円）

損益計算書	
完成工事高	959,459
完成工事原価	900,000
完成工事総利益	59,459

貸借対照表			
完成工事未収入金	659,459	未成工事受入金	0
未成工事支出金	0		

第３年度

16－４．仮設材料の未成出来高対応部分￥5,000の資産計上額を振り戻す。

材料費	5,000	材　料	5,000

16－５．未契約外注費の出来高相当額の概算計上￥2,000を振り戻す。

工事未払金	2,000	外注費	2,000

17. 材料Ｄの代金￥115,000を現金で支払い、現場へ搬入した。

材料費	115,000	現　金	115,000

18. 専門工事業者より外注代金￥322,000の請求を受けた。

外注費	322,000	工事未払金	322,000

19. 現場作業員の賃金￥5,000を現金で支払った。

労務費	5,000	現　金	5,000

20. 現場の諸経費￥50,000を現金で支払った。

経　費	50,000	現　金	50,000

21. 工事が完成したので発注者へ引き渡し、工事代金の残額を請求した。

完成工事原価	495,000	材料費	120,000
		労務費	5,000
		外注費	320,000
		経　費	50,000
完成工事未収入金	540,541	完成工事高	540,541※

※540,541＝2,000,000－（500,000＋959,459）

〈第３年度の財務諸表〉（単位：円）

損益計算書	
完成工事高	540,541
完成工事原価	495,000
完成工事総利益	45,541

貸借対照表			
完成工事未収入金	1,200,000	未成工事受入金	0
未成工事支出金	0		

第4部

さあ、実践！
建設業会計の展開と応用

I 建設業会計における経営分析の基本

経営分析において、個別の経営指標は一定の有用な情報を提供しますが、企業全体として良いのか悪いのかは判断できません。企業全体の評価という観点からは、何らかの形で統合化された総合評価が必要になってきます。

総合評価には二つの目的があり、一つは自社の経営政策、経営戦略、経営管理に役立てるための内部分析と、もう一つは投資家や債権者等の保護の観点から企業のランキング（格付け）を行うための外部分析があります。

1．経営分析の実践

(1) 貸借対照表・資産の部を見てみましょう

経営分析では、資産の部の流動資産は現金預金、受取手形、完成工事未収入金、有価証券を当座資産といい、販売、製造等の過程を経ないで資金化される科目群です。すなわち、流動負債との兼ね合いで、当座資産は短期の支払財源となるものです。なお、受取手形や完成工事未収入金について、相手方の支払不能等を考慮して、貸倒引当金（回収不能見積額）を設定する場合がありますが、その金額を控除して分析する必要があります。

未成工事支出金や材料貯蔵品(現場に搬入される前の物品)は棚卸資産といい、工事の完成引渡しを経て（商業では販売を経て）資金化されます。特に、建設業では未成工事支出金が多額になることが多く、経営分析ではその点を意識して分析する必要があります。

続いて、固定資産ですが、固定資産は有形固定資産(建物、運搬具、土地等)、無形固定資産（特許権等)、投資その他の資産に分かれます。有形固定資産の中の建設重機械はリース取引の普及により、この種の比率は低下しています。そのため建設業は製造業に比較して一般的に固定資産が少ないといわれています。このことは後述する経営分析（生産性分析）に影響が出てきます。

（単位：千円）

資産の部	
現金預金	70,000
受取手形	30,000
完成工事未収入金	40,000
未成工事支出金	110,000
材料貯蔵品	20,000
その他	20,000
流動資産計	290,000
建物・構築物	60,000
機械・運搬具	30,000
工具器具・備品	5,000
土地	50,000
その他無形固定資産	1,000
その他投資等	20,000
固定資産計	166,000
資産合計	456,000

(2)　貸借対照表・負債及び純資産の部を見てみましょう

流動負債には、建設業独特の勘定科目である未成工事受入金や工事未払金があります。未成工事受入金は現在仕掛中の工事に関する支出に対して、それに充当したもの、あるいは充当する予定として受け入れた前受金ですので、この勘定科目の性質上、財務分析では未成工事支出金との対比でその多寡を判断します。

手形については、近時、その発行額は減少しつつありますが、依然として重要な取引の決済手段となっています。なお、国土交通省では、下請負業者に対する工事代金の手形払いについては、そのサイト（振出日から支払期日までの日数）が120日以内にすることが望ましいとしています。

工事未払金についても、特定建設業者（発注者から直接工事を請負、かつ4,000万円（建築一式工事の場合は6,000万円）以上を下請契約する工事を施工する者をいいます）では、下請負人保護のために、代金の支払については下請負人からの引渡しの申し出があった日から50日以内に支払うように要請されています。

短期借入金は銀行等からの借入金で、返済期日が決算日の翌日から起算して１年以内に到来するものが短期借入金に該当します。

固定負債には、設備投資等の長期的な資金調達のために発生した長期借入金や社債、従業員等の退職に備えた退職給付引当金の積立累積額が含まれます。

純資産は、株主資本等があり、株主資本は資本金、資本剰余金、利益剰余金からなります。経営分析では便宜的に、純資産＝自己資本として自己資本比率（自己資本÷総資本×100）等を計算します。

なお、負債純資産合計は負債を他人資本、純資産を自己資本とし、両者をあわせて総資本と呼ぶこともあります。

⑶　損益計算書・収益と費用を見てみましょう

損益計算書では、収益の大元である売上高（完成工事高、兼業売上高）から売

（単位：千円）

負債及び純資産の部	
支払手形	25,000
工事未払金	25,000
短期借入金	50,000
未払金	5,000
未払法人税等	5,000
未成工事受入金	80,000
その他流動負債	10,000
流動負債計	200,000
長期借入金	25,000
固定負債計	25,000
資本金	20,000
資本剰余金	0
利益剰余金	211,000
純資産計	231,000
負債純資産合計	456,000

上原価（完成工事原価、兼業売上原価）を引いて売上総利益が計算されます。売上総利益は粗利益ともいい、工事の採算性を判断します。また、生産性分析では付加価値（ある企業の総生産額から他企業より購入した材料や外注費等の費用を差し引いたもの）を直接計算できない場合、売上総利益で代用することもあります。また、中小の建設業では、完成工事原価の労務費や経費と一般管理費の人件費とを明確に区分することが難しい場合もあり、大手ゼネコンに比べて売上高総利益率が高めになる傾向があります。

売上総利益から販売費及び一般管理費を引いて営業利益を算出しますが、いわゆる本業での儲けとなります。さらに企業の金融収支（受取利息配当金、支払利息）を加味して企業としての収益力を代表する経常利益が計算されます。

経営分析では、売上高に対する営業利益の割合（売上高営業利益率）を、総資本に対する経常利益の割合（総資本経常利益率）を収益性の代表的な指標として採用します。

損益計算書の構造　（単位：千円）

完成工事高	1,100,000
兼業事業売上高	100,000
売上高	1,200,000
完成工事原価	1,060,000
兼業事業売上原価	40,000
売上原価	1,100,000
売上総利益	100,000
販売費及び一般管理費	95,200
営業利益	4,800
営業外収益	1,000
営業外費用	2,000
経常利益	3,800
法人税等	1,500
当期純利益	2,300

完成工事高…工事に係る売上
兼業売上高…業務委託、商品販売

現場で稼ぐ利益技術者の腕の見せ所（売上総利益）

本業の儲け（営業利益）

会社の実力（経常利益）

最終的な利益（当期純利益）

完成工事原価報告書の構造

材料費	235,000
労務費	125,000
（うち労務外注費）	20,000
外注費	500,000
経費	200,000
（うち人件費）	55,000
完成工事原価	1,060,000

協力会社の方々に支払う金額（外注費）

現場代理人の方々の給与（うち人件費）

販売管理費は、事務系職員のみなさんがしっかりと見直してムダのないように管理しましょう。

販売費及び一般管理費の構造

役員報酬	20,000
従業員給料手当	40,000
法定福利費	2,500
福利厚生費	3,000
修繕維持費	500
事務用品費	2,000
通信交通費	5,000
動力用水光熱費	1,000
広告宣伝費	2,000
交際費	5,000
地代家賃	1,200
減価償却費	5,000
租税公課	2,000
保険料	1,000
雑費	5,000
販売費及び一般管理費	95,200

営業・事務の従業員の給与

社会保険や労働保険の支払額

※中小の建設業では、減価償却費を設定していないケースも散見されます。

2．ライバル企業との比較

経営分析の具体的な応用例として、自社と他社（ライバル企業等）との企業間比較分析や個々の経営指標に一定のウエイト付けをして、自社の強み弱み等を判断する総合診断について検討してみましょう。

(1)　自社のライバル企業を設定する

ここでは、A建設とB建設というライバル企業同士を想定した平成25年度と平成26年度の財務諸表（**図表4－1**）をもとに経営分析し、その結果を比較して評価してみましょう。

両社の売上規模、資本金、従業員数等においてほぼ同じくらいに設定しています(注)。

（注）⑪一人当り完成工事高（千円）ではＡ建設、Ｂ建設とも25年度は約30,000千円、26年度は約34,000千円と差はありません（**図表４－３**参照)。

図表４－１

比較貸借対照表　　金額単位(千円)

勘定科目	A 建設		B 建設	
	25年度	26年度	25年度	26年度
現金・預金	28,000	31,000	110,000	123,000
受取手形	114,000	126,000	9,000	10,000
完成工事未収入金	100,000	113,000	87,000	100,000
有価証券	0	1,000	8,000	9,000
未成工事支出金	60,000	75,000	53,000	59,000
その他流動資産	27,000	33,000	36,500	44,000
流動資産計	329,000	379,000	303,500	345,000
有形固定資産	90,000	111,000	85,000	93,000
(建物・構築物)	31,000	43,000	25,000	30,000
(機械・運搬具)	11,000	12,000	8,000	10,000
(土地)	41,000	41,000	50,000	50,000
(その他有形固定資産)	7,000	15,000	2,000	3,000
無形固定資産	3,000	3,000	2,000	3,000
投資その他資産	54,000	56,000	43,000	47,000
固定資産計	147,000	170,000	130,000	143,000
資産合計	476,000	549,000	433,500	488,000

勘定科目	A 建設		B 建設	
	25年度	26年度	25年度	26年度
支払手形	45,000	75,000	25,000	28,000
工事未払金	68,000	85,000	50,000	60,000
短期借入金	90,000	88,000	40,000	41,000
未成工事受入金	25,000	22,000	60,000	66,000
その他流動負債	33,000	46,500	23,500	27,000
流動負債計	261,000	316,500	198,500	222,000
社債	10,000	12,000	5,000	4,000
長期借入金	95,000	106,500	57,000	51,000
その他固定負債	15,000	15,500	8,000	9,000
固定負債計	120,000	134,000	70,000	64,000
負債合計	381,000	450,500	268,500	286,000
資本金	50,000	50,000	30,000	30,000
資本剰余金合計	6,000	6,000	9,000	9,000
利益剰余金合計	39,000	42,500	126,000	163,000
純資産合計	95,000	98,500	165,000	202,000
負債・純資産合計	476,000	549,000	433,500	488,000

比較損益計算書

勘定科目	A 建設		B 建設	
	25年度	26年度	25年度	26年度
完成工事(売上)高	550,000	660,000	530,000	650,000
完成工事(売上)原価	490,000	600,000	460,000	550,000
売上総利益	60,000	60,000	70,000	100,000
販売費・一般管理費	48,000	50,000	45,000	52,000
営業利益	12,000	10,000	25,000	48,000
営業外収益	3,000	2,500	5,000	6,500
(受取利息・配当金)	1,000	800	1,500	2,000
営業外費用	7,000	8,500	2,500	2,000
(支払利息)	6,000	7,500	1,000	700
経常利益	8,000	4,000	27,500	52,500
特別利益	2,000	3,500	4,000	2,000
特別損失	4,000	2,500	4,500	1,000
税引前当期純利益	6,000	5,000	27,000	53,500
法人税等	1,800	1,500	8,500	16,500
当期純利益	4,200	3,500	18,500	37,000

比較完成工事原価報告書

勘定科目	A 建設		B 建設	
	25年度	26年度	25年度	26年度
材料費	100,000	130,000	98,000	120,000
労務費	40,000	45,000	36,000	42,000
(うち労務外注費)	4,000	5,000	5,000	5,500
外注費	280,000	340,000	258,000	303,000
経費	70,000	85,000	68,000	85,000
(うち人件費)	18,000	20,000	21,000	27,000
完成工事原価	490,000	600,000	460,000	550,000

関連情報

その他の項目	A 建設		B 建設	
	25年度	26年度	25年度	26年度
減価償却実施額(千円)	1,500	1,800	2,000	3,000
従業員数	18	19	18	19
技術者数	16	16	16	16

図表4－2

No	指標名	良方向	計算式
①	総資本経常利益率(%)	↑	経常利益÷総資本×100
②	売上高経常利益率(%)	↑	経常利益÷売上高×100
③	売上高総利益率(%)	↑	売上総利益÷売上高×100
④	売上高営業利益率(%)	↑	営業利益÷売上高×100
⑤	総資本回転率(回)	↑	売上高÷総資本
⑥	流動比率(%)	↑	流動資産÷流動負債×100
⑦	当座比率(%)	↑	当座資産÷流動負債×100
⑧	固定比率(%)	↓	固定資産÷純資産合計×100
⑨	固定長期適合比率(%)	↓	固定資産÷(固定負債計＋純資産合計)×100
⑩	自己資本比率(%)	↑	純資産合計÷総資本×100
⑪	一人当り完成工事高(千円)	↑	完成工事高÷従業員数
⑫	借入金依存度(%)	↓	有利子負債÷総資本
⑬	純支払利息比率(%)	↓	(支払利息－受取利息)÷売上高
⑭	有利子負債月商倍率(月)	↓	有利子負債÷月売上高(売上高÷12)

総資本＝負債・純資産合計
当座資産＝現金・預金＋受取手形＋完成工事未収入金＋売掛金＋有価証券
有利子負債＝短期借入金＋社債＋長期借入金

図表4－3

指標名		A建設		B建設	
		25年度	26年度	25年度	26年度
①	総資本経常利益率(%)	1.68%	0.73%	6.34%	10.76%
②	売上高経常利益率(%)	1.45%	0.61%	5.19%	8.08%
③	売上高総利益率(%)	10.91%	9.09%	13.21%	15.38%
④	売上高営業利益率(%)	2.18%	1.52%	4.72%	7.38%
⑤	総資本回転率(回)	1.16	1.20	1.22	1.33
⑥	流動比率(%)	126.05%	119.75%	152.90%	155.41%
⑦	当座比率(%)	92.72%	85.62%	107.81%	109.01%
⑧	固定比率(%)	154.74%	172.59%	78.79%	70.79%

⑨	固定長期適合比率(％)	68.37％	73.12％	55.32％	53.76％
⑩	自己資本比率(％)	19.96％	17.94％	38.06％	41.39％
⑪	一人当り完成工事高(千円)	30,556	34,737	29,444	34,211
⑫	借入金依存度(％)	40.97％	37.61％	23.53％	19.67％
⑬	純支払利息比率(％)	0.91％	1.02％	−0.09％	−0.20％
⑭	有利子負債月商倍率(月)	4.25	3.75	2.31	1.77

(2)　収益性・活動性の分析

分析の最初の切り口として、企業の収益性と活動性から検討していきます。過去２期分の財務諸表から、**図表４－２**のようにＡ建設とＢ建設の①総資本経常利益率を計算します。

総資本経常利益率は下記の式のように②売上高経常利益率と⑤総資本回転率の積となりますので、２つに枝分かれします。

$$\text{①総資本経常利益率(\%)} = \text{①}\frac{\text{経常利益}}{\text{総資本}} = \text{②}\frac{\text{経常利益}}{\text{売上高}} \times \text{⑤}\frac{\text{売上高}}{\text{総資本}}$$

総資本経常利益率では、圧倒的にＢ社が優位に立っています。25年度では両社の差は4.66ポイントでしたが、26年度になるとその差は10.03ポイントと大きく拡がりました。この原因はどこにあるのでしょうか。

先ほどの分解公式を見ていきますと、企業の資本効率（投入された資本が有効活用されているか）をあらわす活動性の観点から、その代表指標である総資本回転率は両社においてそれほど大きな差はありません。ところが、収益性をあらわす売上高経常利益率は大差があり、どうやらＡ建設はＢ建設に比べて収益性がかなり劣ることがわかります。

②売上高経常利益率（%）	
A 建設	B 建設
25年　1.45%	25年　5.19%
26年　0.61%	26年　8.08%

①総資本経常利益率（%）	
A 建設	B 建設
25年　1.68%	25年　6.34%
26年　0.73%	26年　10.76%

⑤総資本回転率（回）	
A 建設	B 建設
25年　1.16回	25年　1.22回
26年　1.20回	26年　1.33回

収益性に問題があるので、それを少し深掘りしていきましょう。

企業の収益は、総利益、営業利益、経常利益、当期純利益と各段階にわかれます。

順を追って見ていくと、最初の③売上高総利益率では25年度では両社の差は2.3ポイント（13.21－10.91＝2.3）でしたが、26年度は6.29ポイント（15.38－9.09＝6.29）に拡がりました。次の④売上高営業利益率では、25年度は2.54ポイント（4.72－2.18＝2.54）、26年度は5.86ポイント（7.38－1.52＝5.86）となっており、総利益の段階との差はそれほど顕著なものではありません。

ところが、②売上高経常利益率は25年度で3.74ポイント（5.19－1.45＝3.74）、26年度で7.47ポイント（8.08－0.61＝7.47）と大きな差となっています。

この経常利益では本業の儲けである営業利益に金融収支を加味しますので、結局A社は支払利息等の金融費用の負担が収益を圧迫していそうです。

そこで、⑬純支払利息比率を見ると、A建設とB建設の金利差は25年度で１%（－0.09－0.91＝－1.0）、26年度で1.22%（－0.2－1.02＝－1.22）となっており、やはり、A建設はB建設に比べて高利で資金を調達（借入金）しているといえます。

(3) 安全性の分析

安全性の分析では、短期の支払能力を見る「流動性分析」と調達した資金をどのように運用・投資し、それが適正なものかを判断する「健全性分析」に分けて検討します。

Ａ建設とＢ建設の短期支払能力は⑥流動比率、⑦当座比率で分析します。

⑥流動比率ではＢ建設がＡ建設を上回っています（25年度で26.85ポイント、26年度で35.66ポイント）。支払能力において流動資産の中の現金・預金、受取手形、完成工事未収入金、有価証券と比較的早く資金化できるものにしぼって、より厳しく見たのが⑦当座比率となり、これもＢ建設がＡ建設を上回っています（25年度で15.09ポイント、26年度で23.39ポイント）。

流動比率は200％以上、当座比率は100％以上あることが望ましいとされています。

健全性分析は⑧固定比率、⑨固定長期適合比率、⑩自己資本比率、⑫借入金依存度で判断します。

⑧固定比率と⑨固定長期適合比率は次の式を比較するとわかるように、分母が自己資本のみと分母に自己資本＋固定負債の違いがあります。すぐに返済しないで済む長期借入金等の固定負債を自己資本と同じように考え、回収に比較的長期間を要する固定資産をどれだけ賄えているかを判断しています。つまり、固定比率は固定長期適合比率をより厳しく見ている指標といえます。

両比率とも100％以下に抑えることが望ましいとされています。

$$⑧\text{固定比率}(\%)=\frac{\text{固定資産}}{\text{自己資本}}$$

$$⑨\text{固定長期適合比率}(\%)=\frac{\text{固定資産}}{\text{自己資本}+\text{固定負債}}$$

Ａ建設の固定比率は、25年度154.74％、26年度は172.59％と悪化しています。逆にＢ建設の固定比率は、25年度78.79％、26年度70.79％と良化していることがわかります。

固定長期適合比率についてもほぼ同様のことがいえます。

⑩自己資本比率と⑫借入金依存度の式は下記のとおりですが、分母は総資本で共通ですが、分子は自己資本と他人資本（有利子負債等）の違いです。いわば、資金調達を表と裏から見た関係になります。

Ａ建設とＢ建設を比較すると、自己資本比率は、Ａ建設の約20％に対してＢ建設は約40％、一方、借入金依存度は、逆にＡ建設は約40％、Ｂ建設は約20％となっています。すなわち、Ａ建設は資金調達を借入金中心で経営していることになります。

自己資本比率は30％以上あることが望ましいといえます。

⑩自己資本比率（％）＝$\dfrac{\text{自己資本}}{\text{総資本}}$

⑫借入金依存度（％）＝$\dfrac{\text{有利子負債（短期借入金＋社債＋長期借入金）}}{\text{総資本}}$

全体をとおして両社を比較すると、**図表４－４**のようになり、財務内容はＢ建設の勝ちとなります。

図表４－４

【総合的な比較判定】

比較要素	Ａ建設	Ｂ建設	関連指標番号
規模・売上	△	△	⑪
収益性	×	○	①②③④⑬
活動性	△	△	⑤
流動性	×	○	⑥⑦
健全性	×	○	⑧⑨⑩⑫⑭

○は勝ち、△は引き分け、×は負け

Ｂ建設に比べて、Ａ建設の弱点は、第一に収益性の低さにあります。その原因は資本構成から借入金依存体質（注１）となっており、それに付随して金融費用（支払利息）が嵩んでいること、第二に固定資産をやや（注２）持ちすぎとなっていることがあげられます。

（注１）　健全性の補助指標として⑭有利子負債月商倍率（月）という指標があり、３か月以内に抑えることが理想的といえますが、Ａ建設は４か月前後となっていますので、借入金返済のための資金繰りにも影響してきます。

（注２）「やや」という表現は、Ａ建設の⑨固定長期適合比率が25年度、26年度とも100％を割っているからです。もし、この値が100％を超えていれば、固定資産を自己資本や固定負債で賄えないのですから、結局は短期に返済しなければならない流動負債に食い込んできますので、資金繰りは相当厳しくなります。

３．建設業における経営事項審査の概要

(1)　経営事項審査の評価項目

公共工事を発注者から直接請け負おうとする建設業者は、建設業法第四章の二に定める「建設業者の経営に関する事項の審査等」、いわゆる経営事項審査を受ける必要があります。経営事項審査は、略して「経審」ともいわれています。

具体的な評価項目は、以下のとおりであり、その中で、建設業会計と関係のある項目は、Ｘ２の「経営規模②」とＹの「経営状況」の二つです。

【経営事項審査の評価項目】（平成27年４月現在）

略号	評価項目
X１	【経営規模①】 完成工事高
X２	【経営規模②】 １．自己資本額 ２．利払前税引前償却前利益
Y	【経営状況】 １．純支払利息比率 ２．負債回転期間 ３．総資本売上総利益率 ４．売上高経常利益率 ５．自己資本対固定資産比率 ６．自己資本比率 ７．営業キャッシュ・フロー ８．利益剰余金
Z	【技術力】 １．業種別技術職員数 ２．元請完成工事高
W	【社会性等】 １．労働福祉の状況 ２．建設業の営業継続の状況 ３．防災協定締結の有無 ４．法令順守の状況 ５．建設業の経理に関する状況 ６．研究開発費の額 ７．建設機械の保有状況 ８．国際標準化機構が定めた規格による登録の状況 ９．若年の技術者及び技能労働者の育成及び確保の状況

（X１およびZは、工事種類別または業種別に審査される。）

X１～Wの各評価項目をもとにして、総合評定値(P)が、以下の式に基づいて計算されます。

【総合評定値の計算】

総合評定値(P)＝経営規模①(X１)×0.25＋経営規模②(X２)×0.15＋経営状況(Y)×0.2＋技術力(Z)×0.25＋社会性等(W)×0.15

(2)　経営規模②（X２）

Ａ建設とＢ建設の財務諸表（**図表４－１**）に基づいて、平成26年度のＸ２評価およびＹ評点を計算してみましょう。

Ｘ２の評点は、自己資本額の点数と平均利益額の点数をもとにして求めます。

①　自己資本額

自己資本額は、基準決算の純資産合計または直近２か年の純資産合計の平均となります。

自己資本額の点数は、次ページ表の評価テーブルに当てはめて点数を求めます。

基準決算の純資産合計を用いて、自己資本額の点数を求めてみます。

Ａ建設　自己資本額　98,500千円 ⇨ 16×98,500÷20,000＋635＝713

Ｂ建設　自己資本額　202,000千円 ⇨ 19×202,000÷50,000＋691＝767

※小数点以下の端数は、切り捨てられます。

【自己資本額の点数】

自己資本額（千円）	点数（Xに自己資本額（千円）を代入して計算）
300,000,000以上	2,114
250,000,000以上　300,000,000未満	63 × X ÷ 50,000,000 ＋ 1,736
200,000,000以上　250,000,000未満	73 × X ÷ 50,000,000 ＋ 1,686
150,000,000以上　200,000,000未満	91 × X ÷ 50,000,000 ＋ 1,614
120,000,000以上　150,000,000未満	66 × X ÷ 30,000,000 ＋ 1,557
100,000,000以上　120,000,000未満	53 × X ÷ 20,000,000 ＋ 1,503
80,000,000以上　100,000,000未満	61 × X ÷ 20,000,000 ＋ 1,463
60,000,000以上　80,000,000未満	75 × X ÷ 20,000,000 ＋ 1,407
50,000,000以上　60,000,000未満	46 × X ÷ 10,000,000 ＋ 1,356
40,000,000以上　50,000,000未満	53 × X ÷ 10,000,000 ＋ 1,321
30,000,000以上　40,000,000未満	66 × X ÷ 10,000,000 ＋ 1,269
25,000,000以上　30,000,000未満	39 × X ÷ 5,000,000 ＋ 1,233
20,000,000以上　25,000,000未満	47 × X ÷ 5,000,000 ＋ 1,193
15,000,000以上　20,000,000未満	57 × X ÷ 5,000,000 ＋ 1,153
12,000,000以上　15,000,000未満	42 × X ÷ 3,000,000 ＋ 1,114
10,000,000以上　12,000,000未満	33 × X ÷ 2,000,000 ＋ 1,084
8,000,000以上　10,000,000未満	39 × X ÷ 2,000,000 ＋ 1,054
6,000,000以上　8,000,000未満	47 × X ÷ 2,000,000 ＋ 1,022
5,000,000以上　6,000,000未満	29 × X ÷ 1,000,000 ＋ 989
4,000,000以上　5,000,000未満	34 × X ÷ 1,000,000 ＋ 964
3,000,000以上　4,000,000未満	41 × X ÷ 1,000,000 ＋ 936
2,500,000以上　3,000,000未満	25 × X ÷ 500,000 ＋ 909
2,000,000以上　2,500,000未満	29 × X ÷ 500,000 ＋ 889
1,500,000以上　2,000,000未満	36 × X ÷ 500,000 ＋ 861
1,200,000以上　1,500,000未満	27 × X ÷ 300,000 ＋ 834
1,000,000以上　1,200,000未満	21 × X ÷ 200,000 ＋ 816
800,000以上　1,000,000未満	24 × X ÷ 200,000 ＋ 801
600,000以上　800,000未満	30 × X ÷ 200,000 ＋ 777
500,000以上　600,000未満	18 × X ÷ 100,000 ＋ 759
400,000以上　500,000未満	21 × X ÷ 100,000 ＋ 744

300,000以上	400,000未満	27 × X ÷ 100,000 + 720
250,000以上	300,000未満	15 × X ÷ 50,000 + 711
200,000以上	250,000未満	19 × X ÷ 50,000 + 691
150,000以上	200,000未満	23 × X ÷ 50,000 + 675
120,000以上	150,000未満	16 × X ÷ 30,000 + 664
100,000以上	120,000未満	13 × X ÷ 20,000 + 650
80,000以上	100,000未満	16 × X ÷ 20,000 + 635
60,000以上	80,000未満	19 × X ÷ 20,000 + 623
50,000以上	60,000未満	11 × X ÷ 10,000 + 614
40,000以上	50,000未満	14 × X ÷ 10,000 + 599
30,000以上	40,000未満	16 × X ÷ 10,000 + 591
25,000以上	30,000未満	10 × X ÷ 5,000 + 579
20,000以上	25,000未満	12 × X ÷ 5,000 + 569
15,000以上	20,000未満	14 × X ÷ 5,000 + 561
12,000以上	15,000未満	11 × X ÷ 3,000 + 548
10,000以上	12,000未満	8 × X ÷ 2,000 + 544
0以上	10,000未満	223 × X ÷ 10,000 + 361
	0未満	361

②　平均利益額

平均利益額は、利払前税引前償却前利益の直近2か年の平均となります。利払前税引前償却前利益は、一般的にはEBITDAと言われているものであり、経営事項審査においては、「**営業利益＋減価償却実施額**」が用いられます。

平均利益額の点数は、次ページ掲載の表の評価テーブルに当てはめて点数を求めます。

A建設　平均利益額　{(10,000＋1,800)＋(12,000＋1,500)}÷2＝12,650千円 ⇨ 7×12,650÷3,000＋603＝632

B建設　平均利益額　{(48,000＋3,000)＋(25,000＋2,000)}÷2＝39,000千円 ⇨ 15×39,000÷10,000＋622＝680

※小数点以下の端数は、切り捨てられます。

【平均利益額の点数】

平均利益額（千円）	点数（Xに平均利益額（千円）を代入して計算）
30,000,000以上	2,447
25,000,000以上 30,000,000未満	134 × X ÷ 5,000,000 + 1,643
20,000,000以上 25,000,000未満	151 × X ÷ 5,000,000 + 1,558
15,000,000以上 20,000,000未満	175 × X ÷ 5,000,000 + 1,462
12,000,000以上 15,000,000未満	123 × X ÷ 3,000,000 + 1,372
10,000,000以上 12,000,000未満	93 × X ÷ 2,000,000 + 1,306
8,000,000以上 10,000,000未満	104 × X ÷ 2,000,000 + 1,251
6,000,000以上 8,000,000未満	122 × X ÷ 2,000,000 + 1,179
5,000,000以上 6,000,000未満	70 × X ÷ 1,000,000 + 1,125
4,000,000以上 5,000,000未満	79 × X ÷ 1,000,000 + 1,080
3,000,000以上 4,000,000未満	92 × X ÷ 1,000,000 + 1,028
2,500,000以上 3,000,000未満	54 × X ÷ 500,000 + 980
2,000,000以上 2,500,000未満	60 × X ÷ 500,000 + 950
1,500,000以上 2,000,000未満	70 × X ÷ 500,000 + 910
1,200,000以上 1,500,000未満	48 × X ÷ 300,000 + 880
1,000,000以上 1,200,000未満	37 × X ÷ 200,000 + 850
800,000以上 1,000,000未満	42 × X ÷ 200,000 + 825
600,000以上 800,000未満	48 × X ÷ 200,000 + 801
500,000以上 600,000未満	28 × X ÷ 100,000 + 777
400,000以上 500,000未満	32 × X ÷ 100,000 + 757
300,000以上 400,000未満	37 × X ÷ 100,000 + 737
250,000以上 300,000未満	21 × X ÷ 50,000 + 722
200,000以上 250,000未満	24 × X ÷ 50,000 + 707
150,000以上 200,000未満	27 × X ÷ 50,000 + 695
120,000以上 150,000未満	20 × X ÷ 30,000 + 676
100,000以上 120,000未満	15 × X ÷ 20,000 + 666
80,000以上 100,000未満	16 × X ÷ 20,000 + 661
60,000以上 80,000未満	19 × X ÷ 20,000 + 649
50,000以上 60,000未満	12 × X ÷ 10,000 + 634
40,000以上 50,000未満	12 × X ÷ 10,000 + 634

30,000以上	40,000未満	15 × X ÷ 10,000 + 622
25,000以上	30,000未満	8 × X ÷ 5,000 + 619
20,000以上	25,000未満	10 × X ÷ 5,000 + 609
15,000以上	20,000未満	11 × X ÷ 5,000 + 605
12,000以上	15,000未満	7 × X ÷ 3,000 + 603
10,000以上	12,000未満	8 × X ÷ 2,000 + 595
0以上	10,000未満	78 × X ÷ 10,000 + 547
	0未満	547

【経営規模②（X２）の計算】

自己資本額の点数と平均利益額の点数から、以下の計算式により経営規模②の評点（X２）を求めます。

X２評点＝（自己資本額の点数＋平均利益額の点数）÷２

A建設　X２評点＝（713＋632）÷２＝672

B建設　X２評点＝（767＋680）÷２＝723

※小数点以下の端数は、切り捨てられます。

⑶　経営状況(Y)

Yの評点は、次の経営状況分析の８指標の数値をもとに求めます。

【経営状況分析の８指標】

記号	経営状況分析の指標	算　出　式	上限値	下限値
Y１	純支払利息比率	$\frac{(支払利息－受取利息配当金)}{売上高}\times 100$	5.1%	－0.3%
Y２	負債回転期間	$\frac{(流動負債＋固定負債)}{(売上高÷12)}$	18ヵ月	0.9ヵ月
Y３	総資本売上総利益率	$\frac{売上総利益}{２期平均総資本}\times 100$	63.6%	6.5%
Y４	売上高経常利益率	$\frac{経常利益}{売上高}\times 100$	5.1%	－8.5%
Y５	自己資本対固定資産比率	$\frac{自己資本}{固定資産}\times 100$	350%	－76.5%
Y６	自己資本比率	$\frac{自己資本}{総資本}\times 100$	68.5%	－68.6%
Y７	営業キャッシュ・フロー	営業キャッシュ・フロー(２年平均)	15億円	－10億円
Y８	利益剰余金	利益剰余金	100億円	－３億円

①　純支払利息比率：％（Y１）

純支払利息比率とは、売上高に対する金融コストの割合を示しており、数値が低くなればなるほど財務体質が良いことを意味するため、評価が高くなります。なお、具体的な計算式は以下のとおりです。

Y１（純支払利息比率）＝（支払利息－受取利息配当金）÷売上高×100

Ａ建設　純支払利息比率＝（7,500－800）÷660,000×100＝1.015

Ｂ建設　純支払利息比率＝（700－2,000）÷650,000×100＝－0.200

※１．売上高の額は、完成工事高および兼業事業売上高の合計の額です。

※２．小数点第３位未満の端数があるときは、これを四捨五入します。

※３．算定された数値が5.1％を超える場合は5.1％と、△0.3％に満たない場合は△0.3％とみなします。

②　負債回転期間：月（Y２）

負債回転期間とは、総負債を１か月当たりの売上高で除した数値であり、数値が低くなればなるほど財務体質が良いことを意味するため、評価が高くなります。なお、具体的な計算式は以下のとおりです。

Y２（負債回転期間）＝（流動負債＋固定負債）÷（売上高÷12）

Ａ建設　負債回転期間＝（316,500＋134,000）÷（660,000÷12）＝8.191

Ｂ建設　負債回転期間＝（222,000＋64,000）÷（650,000÷12）＝5.280

※１．小数点第３位未満の端数があるときは、これを四捨五入します。

※２．算定された数値が18.0月を超える場合は18.0月と、0.9月に満たない場合は0.9月とみなします。

③　総資本売上総利益率：％（Y３）

総資本売上総利益率とは、総資本に対する売上総利益の割合をいい、企業が経営活動のために投下した資本に対してどれだけの利益を生み出すことができたかという指標であることから、数値が高くなればなるほど効率的な経営を行っていることを意味するため、評価が高くなります。なお、具体的な計算式は以下のとおりです。

Ｙ３（総資本売上総利益率）＝売上総利益÷総資本（２期平均）×100

Ａ建設　総資本売上総利益率＝60,000÷（(549,000＋476,000)÷２）×100
＝11.707

Ｂ建設　総資本売上総利益率＝100,000÷（(488,000＋433,500)÷２）×100
＝21.704

※１．総資本の額は、貸借対照表における負債の部および純資産の部の合計額をいいます。２期平均は、経営事項審査の申請をする日の属する事業年度の直前２事業年度末の平均値を用い、その平均値が3,000万円に満たない場合は、3,000万円とみなします。

※２．小数点第３位未満の端数があるときは、これを四捨五入します。

※３．算定された数値が63.6%を超える場合は63.6%と、6.5%に満たない場合は6.5%とみなします。

④　売上高経常利益率：%（Ｙ４）

売上高経常利益率とは、売上高に対する経常利益の割合をいい、企業の金融収支を含めた経営活動により得られた経常利益が売上高に対してどれくらいあるのかという指標であることから、数値が高くなればなるほど効率的な経営を行っていることを意味するため、評価が高くなります。なお、具体的な計算式は以下のとおりです。

Ｙ４（売上高経常利益率）＝経常利益÷売上高×100

Ａ建設　売上高経常利益率＝4,000÷660,000×100＝0.606

Ｂ建設　売上高経常利益率＝52,500÷650,000×100＝8.077

※１．小数点第３位未満の端数があるときは、これを四捨五入します。

※２．算定された数値が5.1%を超える場合は5.1%と、△8.5%に満たない場合は△8.5%とみなします。

⑤　自己資本対固定資産比率：%（Ｙ５）

自己資本対固定資産比率とは、固定資産に対する自己資本の割合をいい、固定資産の調達がどれほど自己資本で賄われているかの指標であることから、数値が高くなればなるほど自己資本が充実していて経営の安定性が高いことを意味するため、評価が高くなります。この自己資本対固定資産比率の逆数（分母と分子を入れ替えた数）は、固定比率といわれます。なお、具体的な計算式は以下のとおりです。

Y5（自己資本対固定資産比率）＝自己資本÷固定資産×100

A建設　自己資本対固定資産比率＝98,500÷170,000×100＝57.941

B建設　自己資本対固定資産比率＝202,000÷143,000×100＝141.259

※1．小数点第3位未満の端数があるときは、これを四捨五入します。

※2．算定された数値が350.0%を超える場合350.0%と、△76.5%に満たない場合は△76.5%とみなします。

⑥　自己資本比率：%（Y6）

自己資本比率とは、総資本に対する自己資本の割合をいい、数値が高くなればなるほど自己資本が充実していて、安定した経営がなされていることを意味するため、評価が高くなります。なお、具体的な計算式は以下のとおりです。

Y6（自己資本比率）＝自己資本÷総資本×100

A建設　自己資本比率＝98,500÷549,000×100＝17.942

B建設　自己資本比率＝202,000÷488,000×100＝41.393

※1．小数点第3位未満の端数があるときは、これを四捨五入します。

※2．算定された数値が68.5%を超える場合68.5%と、△68.6%に満たない場合は△68.6%とみなします。

⑦　営業キャッシュ・フロー：億円（Y7）

営業キャッシュ・フローとは、営業活動により生み出されたキャッシュ・フローの金額をいい、数値が高いほど収入が多く、資金収支に余裕があることを意味するため、評価が高くなります。なお、具体的な計算式は以下のとおりです。

Y7（営業キャッシュ・フロー）＝経常利益＋減価償却実施額－法人税、住民税及び事業税＋貸倒引当金増加額＋仕入債務増加額＋未成工事受入金増加額－売掛債権増加額－棚卸資産増加額（2期平均）

キャッシュ・フローの考え方は以下のとおりです。

①　減価償却実施額、貸倒引当金増加額は、損益計算書上は費用等に計上され

ますが、キャッシュは社外に流出していませんので、加算されます。

② 仕入債務増加額、未成工事受入金増加額は、負債の増加となりますが、キャッシュの支払や工事代金の清算はまだですので、これも加算します。

③ 売掛債権増加額、棚卸資産増加額は、資産の増加となりますが、債権の状態ですから、まだキャッシュとして入っていませんので、減算します。

④ 法人税、住民税及び事業税は、キャッシュが社外に流出しますので減算します。

営業キャッシュ・フローを計算するには3期分の決算書が必要になりますが、ここでは便宜的に前年度の営業キャッシュ・フローは当年度と同額としています。したがって、当年度、前年度ともA建設、B建設は同じ数値で評価しています。また、貸倒引当金は前年度、当年度とも0としています。計算式は経営指標の中で一番複雑といえます。

単位は億円です。

A建設　営業キャッシュ・フロー＝4,000＋1,800－1,500＋0＋(75,000＋85,000－45,000－68,000)＋(22,000－25,000)－(126,000＋113,000－114,000－100,000)－(75,000－60,000)＝8,300(千円)＝0.083

B建設　営業キャッシュ・フロー＝52,500＋3,000－16,500＋0＋(28,000＋60,000－25,000－50,000)＋(66,000－60,000)－(10,000＋100,000－9,000－87,000)－(59,000－53,000)＝38,000(千円)＝0.380

※1. 小数点第3位未満の端数があるときは、これを四捨五入します。

※2. 算定された数値が15.0を超える場合15.0と、△10.0に満たない場合は△10.0とみなします。

⑧ 利益剰余金：億円（Y8）

利益剰余金とは、貸借対照表に計上されている利益剰余金の金額を意味し、繰越利益剰余金だけでなく、利益準備金や任意積立金を含めた金額になります。利益剰余金の金額が高いほど利益の蓄積が十分になされ、資金繰りに余裕があることを意味するため、評価が高くなります。

単位は億円です。

A建設　利益剰余金＝42,500(千円)＝0.425

Ｂ建設　利益剰余金＝163,000（千円）＝1.630

※１．小数点第３位未満の端数があるときは、これを四捨五入します。

※２．数値が100.0を超える場合100.0と、△3.0に満たない場合は△3.0とみなします。

【経営状況(A)の計算】

第二段階では、第一段階で算出されたＹ１からＹ８の数値を使用し、経営状況(A)の評点を計算します。

経営状況点数(A)＝

－0.4650×Ｙ１（純支払利息比率）－0.0508×Ｙ２（負債回転期間）＋0.0264×Ｙ３（総資本売上総利益率）＋0.0277×Ｙ４（売上高経常利益率）＋0.0011×Ｙ５（自己資本対固定資産比率）＋0.0089×Ｙ６（自己資本比率）＋0.0818×Ｙ７（営業キャッシュ・フロー）＋0.0172×Ｙ８（利益剰余金）＋0.1906

Ａ建設　経営状況点数(A)＝

－0.4650×1.015－0.0508×8.191

＋0.0264×11.707＋0.0277×0.606＋0.0011×57.941＋0.0089×17.942＋0.0818×0.083＋0.0172×0.425＋0.1906＝－0.13

Ｂ建設　経営状況点数(A)＝

－0.4650×－0.200－0.0508×5.280

＋0.0264×21.704＋0.0277×8.077＋0.0011×141.259＋0.0089×41.393＋0.0818×0.380＋0.0172×1.630＋0.1906＝1.39

※小数点第２位未満の端数があるときは、これを四捨五入します。

【経営状況の評点(Y)の計算】

第三段階では、第二段階で算出されたＡの値をもとに、経営状況の評点(Y)を計算します。

Ｙ評点＝167.3×Ａ（経営状況点数）＋583

Ａ建設　Ｙ評点＝167.3×－0.13＋583＝561

B建設　Y評点＝167.3×　1.39＋583＝816

※1．小数点以下の端数があるときは、これを四捨五入します。
※2．上記により算定された数値が0に満たない場合には0とみなします。

参考までに、A建設、B建設の経営状況の評点(Y)の比較表を**図表4－5**に掲載します。

Y評点は平均点が700点となるように制度設計されていますので、評点から判断しますと、A建設は中の下で、B建設は中の上といったところに格付けされます。

図表４－５

指標名			A建設	B建設
			26年度	26年度
Y１	↓	純支払利息比率(%)	1.015	－0.200
Y２	↓	負債回転期間(月)	8.191	5.280
Y３	↑	総資本売上総利益率(%)	11.707	21.704
Y４	↑	売上高経常利益率(%)	0.606	8.077
Y５	↑	自己資本対固定資産比率(%)	57.941	141.259
Y６	↑	自己資本比率(%)	17.942	41.393
Y７	↑	営業キャッシュ・フロー(億円)	0.083	0.380
Y８	↑	利益剰余金(億円)	0.425	1.630
A	↑	経営状況点数	－0.13	1.39
Y	↑	Y評点	561	816

※表中の矢印は、↑は高いほど、↓は低いほど良いことを表す。

(4)　建設業の経理が適正に行われたことに係る確認項目

経営事項審査は、前述したように公共工事の受注に際して必要となるものですから、虚偽の申請に対しては一定の罰則が科せられます。以下の**図表４－６**「建設業の経理が適正に行われたことに係る確認項目」は社会性等の評点(W)において活用されているものですが、経営状況の評点(Y)についても、この確認項目を参考としながら、その申請が正確になされるように留意しなければなりません。

図表４－６　建設業の経理が適正に行われたことに係る確認項目

項　目	内　　容
全体	前期と比較し概ね20%以上増減している科目についての内容を検証する。特に次の科目については、詳細に検証し不適切なものが含まれていないことを確認した。 受取手形、完成工事未収入金等の営業債権 未成工事支出金等の棚卸資産 貸付金等の金銭債権 借入金等の金銭債務

	完成工事高、兼業事業売上高 完成工事原価、兼業事業売上原価 支払利息等の金融費用
預貯金	残高証明書又は預金通帳等により残高を確認している。
金銭債権	営業上の債権のうち正常営業循環から外れたものがある場合、これを投資その他の資産の部に表示している。
	営業上の債権以外の債権でその履行時期が1年以内に到来しないものがある場合、これを投資その他の資産の部に表示している。
	受取手形割引額及び受取手形裏書譲渡額がある場合、これを注記している。
貸倒損失	法的に消滅した債権又は回収不能な債権がある場合、これらについて貸倒損失を計上し債権金額から控除している。
貸倒引当金	取立不能のおそれがある金銭債権がある場合、その取立不能見込額を貸倒引当金として計上している。
	貸倒損失・貸倒引当金繰入額等がある場合、その発生の態様に応じて損益計算上区分して表示している。
有価証券	有価証券がある場合、売買目的有価証券、満期保有目的の債券、子会社株式及び関連会社株式、その他有価証券に区分して評価している。
	売買目的有価証券がある場合、時価を貸借対照表価額とし、評価差額は営業外損益としている。
	市場価格のあるその他有価証券を多額に保有している場合、時価を貸借対照表価額とし、評価差額は洗替方式に基づき、全部純資産直入法又は部分純資産直入法により処理している。
	時価が取得価額より著しく下落し、かつ、回復の見込みがない市場価格のある有価証券（売買目的有価証券を除く。）を保有する場合、これを時価で評価し、評価差額は特別損失に計上している。
	その発行会社の財政状態が著しく悪化した市場価格のない株式を保有する場合、これについて相当の減額をし、評価差額は当期の損失として処理している。
棚卸資産	原価法を採用している棚卸資産で、時価が取得原価より著しく低く、かつ、将来回復の見込みがないものがある場合、これを時価で評価している。
未成工事支出金	発注者に生じた特別の事由により施工を中断している工事で代金回収が見込めないものがある場合、この工事に係る原価を損失として計上し、未成工事支出金から控除している。
	施工に着手したものの、契約上の重要な問題等が発生したため代金回収が見込めない工事がある場合、この工事に係る原価を損失として計上し、未成工事支出金から控除している。
経過勘定等	前払費用と前払金、前受収益と前受金、未払費用と未払金、未収収益と未収金は、それぞれ区別し、適正に処理している。
	立替金、仮払金、仮受金等の項目のうち、金額の重要なもの又は当

	期の費用又は収益とすべきものがある場合、適正に処理している。
固定資産	減価償却は経営状況により任意に行うことなく、継続して規則的な償却を行っている。
	適用した耐用年数等が著しく不合理となった固定資産がある場合、耐用年数又は残存価額を修正し、これに基づいて過年度の減価償却累計額を修正し、修正額を特別損失に計上している。
	予測することができない減損が生じた固定資産がある場合、相当の減額をしている。
	使用状況に大幅な変更があった固定資産がある場合、相当の減額の可能性について検討している。
	研究開発に該当するソフトウェア制作費がある場合、研究開発費として費用処理している。
	研究開発に該当しない社内利用のソフトウェア制作費がある場合、無形固定資産に計上している。
	遊休中の固定資産及び投資目的で保有している固定資産で、時価が50％以上下落しているものがある場合、これを時価で評価している。
	時価のあるゴルフ会員権につき、時価が50％以上下落しているものがある場合、これを時価で評価している。
	投資目的で保有している固定資産がある場合、これを有形固定資産から控除し、投資その他の資産に計上している。
繰延資産	資産として計上した繰延資産がある場合、当期の償却を適正に行っている。
	税法固有の繰延資産がある場合、投資その他の資産の部に長期前払費用等として計上し、支出の効果の及ぶ期間で償却を行っている。
金銭債務	金銭債務は網羅的に計上し、債務額を付している。
	営業上の債務のうち正常営業循環から外れたものがある場合、これを適正な科目で表示している。
	借入金その他営業上の債務以外の債務でその支払期限が１年以内に到来しないものがある場合、これを固定負債の部に表示している。
未成工事受入金	引渡前の工事に係る前受金を受領している場合、未成工事受入金として処理し、完成工事高を計上していない。ただし、工事進行基準による完成工事高の計上により減額処理されたものを除く。
引当金	将来発生する可能性の高い費用又は損失が特定され、発生原因が当期以前にあり、かつ、設定金額を合理的に見積ることができるものがある場合、これを引当金として計上している。
	役員賞与を支給する場合、発生した事業年度の費用として処理している。
	損失が見込まれる工事がある場合、その損失見込額につき工事損失引当金を計上している。
	引渡しを完了した工事につき瑕疵補償契約を締結している場合、完成工事補償引当金を計上している。
退職給付債務	確定給付型退職給付制度（退職一時金制度、厚生年金基金、適格退

退職給付引当金	職年金及び確定給付企業年金）を採用している場合、退職給付引当金を計上している。
	中小企業退職金共済制度、特定退職金共済制度及び確定拠出型年金制度を採用している場合、毎期の掛金を費用処理している。
その他の引当金	将来発生する可能性の高い費用又は損失が特定され、発生原因が当期以前にあり、かつ、設定金額を合理的に見積ることができるものがある場合、これを引当金として計上している。
	役員賞与を支給する場合、発生した事業年度の費用として処理している。
	損失が見込まれる工事がある場合、その損失見込額につき工事損失引当金を計上している。
	引渡しを完了した工事につき瑕疵補償契約を締結している場合、完成工事補償引当金を計上している。
法人税等	法人税、住民税及び事業税は、発生基準により損益計算書に計上している。
	法人税等の未払額がある場合、これを流動負債に計上している。
	期中において中間納付した法人税等がある場合、これを資産から控除し、損益計算書に表示している。
消費税	決算日における未払消費税等（未収消費税等）がある場合、未払金（未収入金）又は未払消費税等（未収消費税等）として表示している。
税効果会計	繰延税金資産を計上している場合、厳格かつ慎重に回収可能性を検討している。
	繰延税金資産及び繰延税金負債を計上している場合は、その主な内訳等を注記している。
	過去３年以上連続して欠損金が計上されている場合、繰延税金資産を計上していない。
純資産	純資産の部は株主資本と株主資本以外に区分し、株主資本は、資本金、資本剰余金、利益剰余金に区分し、また、株主資本以外の各項目は、評価・換算差額等及び新株予約権に区分している。
収益・費用の計上（全般）	収益及び費用については、一会計期間に属するすべての収益とこれに対応するすべての費用を計上している。
	原則として、収益については実現主義により、費用については発生主義により認識している。
工事収益 工事原価	適正な工事収益計上基準（工事完成基準、工事進行基準、部分完成基準等）に従っており、工事収益を恣意的に計上していない。
	引渡しの日として合理的であると認められる日(作業を結了した日、相手方の受入場所へ搬入した日、相手方が検収を完了した日、相手方において使用収益ができることとなった日等）を設定し、その時点において継続的に工事収益を計上している。
	建設業に係る収益・費用と建設業以外の兼業事業の収益・費用を区分して計上している。ただし、兼業事業売上高が軽微な場合を除く。

	工事原価の範囲・内容を明確に規定し、一般管理費や営業外費用と峻別のうえ適正に処理している。
工事進行基準	工事進行基準を適用する工事の範囲（工期、請負金額等）を定め、これに該当する工事については、工事進行基準により継続的に工事収益を計上している。
	工事進行基準を適用する工事の範囲（工期、請負金額等）を注記している。
	実行予算等に基づく、適正な見積り工事原価を算定している。
	工事原価計算の手続きを経た発生工事原価を把握し、これに基づき合理的な工事進捗率を算定している。
	工事収益に見合う金銭債務「未成工事受入金」を減額し、これと計上した工事収益との減額がある場合、「完成工事未収入金」を計上している。
受取利息配当金	協同組合から支払いを受ける事業分量配当金がある場合、これを受取利息配当金として計上していない。
支払利息	有利子負債が計上されている場合、支払利息を計上している。
JV	共同施工方式のJVに係る資産・負債・収益・費用につき、自社の出資割合に応じた金額のみを計上し、JV全体の資産・負債・収益・費用等、他の割合による金額を計上していない。
	分担施工方式のJVに係る収益につき、契約金額等の自社の施工割合に応じた金額を計上し、JV全体の施工金額等、他の金額を計上していない。
	JVを代表して自社が実際に支払った金額と協定原価とが異なることに起因する利益は、当期の収益または未成工事支出金のマイナスとして処理している。
個別注記表	重要な会計方針に係る事項について注記している。 　資産の評価基準及び評価方法 　固定資産の減価償却の方法 　引当金の計上基準 　収益及び費用の計上基準
	会社の財産又は損益の状態を正確に判断するために必要な事項を注記している。
	当期において会計方針の変更等があった場合、その内容及び影響額を注記している。

Ⅱ 共同企業体（JV）の会計

1．共同企業体（JV）とは

建設工事の共同企業体（ジョイント・ベンチャー、以下「JV」という）とは、２つ以上の建設業者が、共同して一つの建設工事を受注して施工する事業を意味します。建設業におけるJVは、「建設工事共同企業体」とも呼ばれ、現在、法的制度として確立していないので明確な法的定義はありませんが、一般的には、２つ以上の建設業者が共同連帯して工事の施工を行うことを合意して結合した事業組織体であるとされています。したがって、日本のJVは、有機的な組織体をなしていると判断されるものの、それ自体としては独立の法人格を有するものとは解されていません。

国土交通省の通達をもとに、JVによって建設工事を施工する一般的な効用を次にまとめておきます。

⑴ 融資力の増大

大規模工事の場合、多額の運転資金を長期的に必要とするが、JVを組むことにより１社当りの資金負担額を軽減できる。このことにより、大規模工事への参加がしやすくなる。

⑵ 危険分散

JVを組むことにより大規模工事に伴う工事損失の危険の負担額を分散することができる。

⑶ 技術の拡充、強化および経験の増大

工事経験の少ない建設業者も専門会社と組むことにより、工事技術の強化および経験の増大になる。

⑷ 施工の確実性

JVの各構成員の協力、連帯責任により、単一業者との契約に比べ、工事の施工の確実性と安全性が確保できる。

国土交通省は、戦後一貫してJVの振興を図り、JVが有効に機能するための適切な通達をいくつか出しているので参照してください。

2．JVの種類

(1) 施工方式による区分

◇共同施工方式（甲型共同企業体）と分担施工方式（乙型共同企業体）

共同施工方式とは、各構成員があらかじめ定めた出資割合に応じて資金、人員、機械等を拠出して工事を施工する方式です。分担施工方式とは、共同企業体として請け負った工事を工事場所別等に分担して施工する方式です。

共同施工方式では、共同企業体協定書において各構成員の出資割合を次のように取り決めておく必要があります。

（構成員の出資の割合）
第８条　各構成員の出資の割合は、次のとおりとする。

○○建設株式会社	60％
△△建設株式会社	40％

一方、分担施工方式では、共同企業体協定書において次のように各構成員の分担工事額を取り決めておきます。各構成員は工事全体に対して連帯責任を負うことについては共同施工方式と変わりはありません。

（分担工事額）
第８条　各構成員の建設工事の分担は、次のとおりとする。

Ａ建築工事	○○建設株式会社
Ｂ土木工事	△△建設株式会社

出資比率は、共同企業体運営のための財産的基礎を各構成員間で分担する割合であり、工事の施工より生じる利益の配分割合となるものです。したがって、出資比率は、技術者を適正に配置し共同施工を確保できるようにするもので、適正なものでなければなりません。そのため、出資比率の最低の基準が次のと

おり決められています（「共同企業体運用準則」参照）。

２社の場合　30％以上、３社の場合　20％以上

⑵　結成時期による区分

◇特定建設工事共同企業体（以下、特定 JV という）と経常建設共同企業体（以下、経常 JV という）

昭和62年８月中央建設業審議会は、JV をその活用目的別に２方式に決め、発注機関がこれらの方式を必要に応じて選択することにしました（「共同企業体の在り方について」昭和62年８月中央建設業審議会答申）。特定 JV とは、大規模かつ技術的難易度の高い工事の施工に際して、技術力等を結集することにより工事の安定的施工を確保する場合等、工事の規模、性格等に照らし、JV による施工が必要と認められる場合に工事毎に結成される JV をいいます。この JV は、いわゆる一発型 JV とも呼ばれ、一般的には、大規模かつ技術的難易度の高い工事の施工に活用されるものです。

中小建設業者にとっては、これらの共同企業体に参加するのは、規模的、技術的に難しいため、これに代わる方式として中小建設業者が、継続的な協業関係を確保することにより経営力・施工能力を強化する目的で結成されるものとして設けられたものが経常 JV です。この経常 JV は、中小建設業者が単独では受注することができないほどの上級の工事の施工の機会を開き、中小建設業者の育成、振興を図ろうとするものです。

３．会計処理のポイント

⑴　JV の会計組織

JV は、各建設会社が構成員となり、各建設会社の会計処理方法はそれぞれ異なっていることが多いため、まず、JV としての統一的な会計組織や会計処理を決めておく必要があります。

JV の会計処理には、① JV として独立した会計処理と②スポンサー企業（スポンサー）の中で行われる会計処理の二つの方法があります。

JV の会計処理については、少し古いものですが、行政として大切な方針を

明確にしています。それは、「共同企業体運営モデル規則」(平成４年３月６日、建設省経振発第33号）です。この中の経理取扱規則第５条によれば、「共同企業体は、独立した会計単位として経理すること」とされています。

実際の会計実務では、共同企業体の経理が完全に独立した会計組織として整理されていることは少なく、スポンサー企業の会計組織の中に取り込まれて整理されている方式が多くみられます。ただし、それであっても、JV 会計の本則の意図をしっかりと理解して、実質的に独立会計と同等の効果をもたらす工夫は不可欠です。

同取扱規則の注において、「帳票の様式その他経理処理の手続については、実際上代表者の例によることが考えられる。」と記載されています。また、「共同企業体の規模、性格等によって、効率性、正確性等の観点から代表者の電算システム等を適宜活用することも差し支えない。その場合は、代表者に委任する経理事務の範囲を経理取扱規則に明確に定めておかなければならない。」とされています。以上の文言が、JV 会計の原則的整理方式と実務的な便宜方式の調和で、かなり実践的といえましょう。

⑵　JV の会計規則

「共同企業体運営モデル規則」には、JV において整備すべきいくつかの規則が規定されており、このうち会計規則としてのものが「経理取扱規則」です。次に簡潔に解説しておきます。

①　経理の目的と会計処理方法

JV の経理取扱規則は、会計処理、費用負担、会計報告等について定めることにより、共同企業体の財政状態及び経営成績を明瞭に開示し、JV の適正かつ円滑な運営と構成員間の公正を確保することを目的として定められています。

JV 工事における経理業務は、個別工事における場合と本質的な違いはなく、次のような具体的プロセスによります。

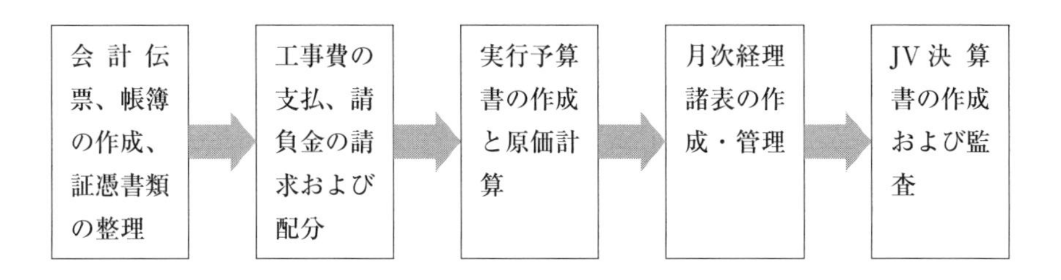

② JVの会計期間

JVの会計期間は、JV成立の日から解散の日までとし、月次の経理事務は毎月1日に始まり同月末日をもって締め切ります。

③ JVの経理処理

JVは、原則として独立した会計単位として経理しますが、前述のとおり、経理処理の手続きについては、実際上、スポンサーの例によることが多く、JVの規模、性格等によって、効率性、正確性等の観点から代表者の電算システム等を適宜活用することも差し支えないものとされています。

会計帳簿の内容は、仕訳帳、総勘定元帳およびこれらに付随する補助簿からなります。勘定科目は、建設業法施行規則別記様式第15号および第16号に準拠して定める必要があります。

④ 出資および支払方法

JVの運営の特徴は、各構成員がJV全体の資金計画に従って、JV協定書の出資割合に基づいて出資を行い、その割合によって工事利益を獲得することにあります。したがって、まずJVの契約を結ぶ前に各構成員の出資の割合をJV協定書において定める必要があります。そして、工事着工後JVの責任者（所長）は速やかに資金収支の全体計画を立て各構成員へ提出し、毎月、資金収支管理のため、各構成員に対しての請求を行います。各構成員は、この出資金請求書に基づき出資を行うことになります。

⑤ 協定原価

協定原価とは、共同企業体の共通原価に算入すべき原価をいい、その内容はJVの施工委員会で作成し、運営委員会の承認を得ることとされています。JV

工事を施工する場合、単独工事と同じように実行予算に基づく原価管理が行われますが、必要以上の経費がJVの共通原価として処理されないように実行予算の作成にあたって協定原価の範囲を明確にしておく必要があります。「共同企業体運営モデル規則」別記様式において、協定原価算入基準として55項目の協定原価を例示しています。

⑥　工事実行予算

工事実行予算案は、工事計画に基づき施工委員会で作成し、運営委員会の承認を得ます。JVの所長は、予算の執行にあたっては常に予算と実績を比較対照し、施工の適正化と予定利益の確保に努めます。また、予算と実績の間に重要な差異が生じた場合には、その理由を明らかにした資料を速やかに作成し、施工委員会を通して運営委員会の承認を得ることになります。

⑦　決算案の作成と監査

JVの所長は、工事竣工後速やかに清算業務に着手し、財務諸表すなわち、貸借対照表、損益計算書、完成工事原価報告書、資金収支表、前記書類の附属明細書を作成する必要があります。JVの監査委員は、決算案および全ての業務執行に関する事項について監査を実施して監査報告書を運営委員会に提出しなければなりません。

4．具体的なJVの会計処理―設例

JVの会計処理は、スポンサー会社とサブ会社との会計処理に分けられますが、その会計処理に本質的な相違はなく、その内容は、各構成員がその出資割合によって完成工事高および工事原価の発生を記録することにあります。サブ会社は、スポンサー会社から出資金の請求を受けとったつど支払い、スポンサー会社から送られてくる原価明細によって会計処理をすることになります。スポンサー会社は、資材の購入先や下請先に対する支払処理とサブ会社に対する出資金の請求処理の記録が主な会計処理の対象となります。

JVの会計処理方法は、すでに述べたように次の２つの方法があります。

①　JV会計を独立会計単位として設定して整理する方法

②　JVのスポンサー企業の中に取り込むが、その会計システムの中で独立性を確保していく方法

前述のとおり、わが国では②の方式が多いとされていますが、会計整理の原則は、JVの会計に独立性を確保することです。JVの会計整理に関して構成員間で不透明性や不平等に関する不信や不満があってはなりません。十分に先述した本旨を生かす会計整理を実施する義務があると理解しなければなりません。

【設 例】

以下、前述の方式に基づく一般的な会計処理を、設例で解説します。

＜設例の基礎データ＞

1．JVの構成会社　　甲社（スポンサー）　　出資割合　60%
　　　　　　　　　　乙社（サブ）　　　　　出資割合　40%
　　（決算期は両社とも1年間である。）

2．JVの工事内容
　　工事契約高　10,000千円
　　工事原価　　 8,000千円

（注）　計算の簡素化のため消費税は考慮しない。

①　JVを独立会計とした場合（JV独立会計方式）

J　V		構成員（甲社）		構成員（乙社）	
1．口座の開設：JVで使用する口座を開設した。					
・JV名義の口座を開設。仕訳なし		仕訳なし		仕訳なし	
2．工事前受金の受入れ：工事に係る前受金3,000千円を受け取った。					
現金預金3,000	未成工事受入金　3,000	仕訳なし		仕訳なし	
3．前受金の分配：上記2の前受金を構成員に分配した。					

甲社出資金 1,800 乙社出資金 1,200	現金預金3,000	現金預金1,800	未成工事受入金　1,800	現金預金1,200	未成工事受入金　1,200
4．原価の発生：工事原価8,000千円が発生しJVは原価を支払うため、各構成員に請求した。					
未成工事支出金　8,000	工事未払金　8,000	未成工事支出金　4,800	工事未払金　4,800	未成工事支出金　3,200	工事未払金　3,200
5．現金による出資：上記４の原価のうち6,000千円を支払うため、構成員各社が出資した。					
現金預金6,000	甲社出資金 3,600 乙社出資金 2,400	工事未払金 3,600	現金預金3,600	工事未払金 2,400	現金預金2,400
6．現金による支払：JVは上記５の資金により支払を行った。					
工事未払金 6,000	現金預金6,000	仕訳なし		仕訳なし	
7．手形による出資：上記４の原価のうち￥2,000を支払うため、構成員各社が手形により出資した。					
出資手形1,200 出資手形　800	甲社出資金 1,200 乙社出資金800	工事未払金 1,200	支払手形1,200	工事未払金800	支払手形　800
8．手形による支払：JVは、上記７の手形により支払を行った。					
工事未払金 2,000	出資手形1,200 出資手形　800	仕訳なし		仕訳なし	
9．手形の決済：上記８の手形が決済された。					
仕訳なし		支払手形1,200	現金預金1,200	支払手形　800	現金預金　800
10．工事の完成及び引渡し：工事が完成し、発注者に引き渡した。					
完成工事原価 8,000 未成工事受入金　3,000 完成工事未収入金　7,000	未成工事支出金　8,000 完成工事高 10,000	仕訳なし		仕訳なし	
11．JV会計の清算：JVの決算を行った。					
完成工事高 10,000	完成工事原価 8,000	完成工事原価 4,800	未成工事支出金　4,800	完成工事原価 3,200	未成工事支出金　3,200

<table>
<tr><td>甲社出資金
3,000
乙社出資金
2,000</td><td>未払分配金
7,000</td><td>未成工事受入金　1,800
完成工事未収入金　4,200</td><td>完成工事高
6,000</td><td>未成工事受入金　1,200
完成工事未収入金　2,800</td><td>完成工事高
4,000</td></tr>
<tr><td colspan="6">12. 請負代金の精算：請負代金のうち残額が入金され、構成員に分配した。</td></tr>
<tr><td>現金預金
7,000
未払分配金
7,000</td><td>完成工事未収入金　7,000
現金預金
7,000</td><td>現金預金
4,200</td><td>完成工事未収入金　4,200</td><td>現金預金
2,800</td><td>完成工事未収入金　2,800</td></tr>
<tr><td colspan="6">13. 口座の解約と利息の処理：JVで使用した口座を解約し、預金利息300千円を受け取り各構成員に分配した。</td></tr>
<tr><td>現金預金　240
仮払源泉税 60

受取利息　300</td><td>受取利息　300

現金預金　240
仮払源泉税 60</td><td>

現金預金　144
仮払源泉税 36</td><td>

受取利息　180</td><td>

現金預金　96
仮払源泉税 24</td><td>

受取利息　120</td></tr>
<tr><td colspan="6">参考：工事施工中に決算を迎えた場合</td></tr>
<tr><td>甲社出資金
××
乙社出資金
××</td><td>未成工事支出金　××</td><td>仕訳なし</td><td></td><td>仕訳なし</td><td></td></tr>
<tr><td colspan="6">JVでは、手形の振出ができないことから、実務上は、スポンサーが代表して手形を作成し、それをJVの支払に充てることが多い。この場合には、上記7～9の仕訳は次のとおりとなる。</td></tr>
<tr><td colspan="6">7．手形による出資：上記4の原価のうち2,000千円を支払うため、構成員各社が手形により出資した。</td></tr>
<tr><td>未収金　1,200
出資手形　800</td><td>甲社出資金
1,200
乙社出資金800</td><td>仕訳なし</td><td></td><td>工事未払金800</td><td>支払手形　800</td></tr>
<tr><td colspan="6">8．手形による支払：JVは、上記7の手形により支払を行った。</td></tr>
<tr><td>工事未払金
2,000</td><td>出資手形　800
未収金　1,200</td><td>工事未払金
1,200
受取手形　800</td><td>支払手形2,000</td><td>仕訳なし</td><td></td></tr>
<tr><td colspan="6">9．手形の決済：上記8の手形が決済された。</td></tr>
<tr><td>仕訳なし</td><td></td><td>支払手形2,000
現金預金　800</td><td>現金預金2,000
受取手形　800</td><td>支払手形　800</td><td>現金預金　800</td></tr>
</table>

②JVを独立会計としない場合（スポンサーの会計処理に取り込んで処理する方式）

構成員スポンサー（甲社）		構成員サブ（乙社）	
1．口座の開設：JVで使用する口座を開設した。			
・JV名義の口座を開設。 仕訳なし		仕訳なし	
2．工事前受金の受入れ：工事に係る前受金3,000千円を受け取った。			
現金預金　3,000	未成工事受入金1,800 預り金（JV）　1,200	仕訳なし	
3．前受金の分配：上記2の前受金をサブに分配した。			
預り金（JV）　1,200	現金預金　1,200	現金預金　1,200	未成工事受入金1,200
4．原価の発生：工事原価8,000千円が発生し、請求原価を支払うため、JVはサブに請求した。			
未成工事支出金4,800 立替金（JV）　3,200	工事未払金　8,000	未成工事支出金 3,200	工事未払金　3,200
5．現金による出資：上記4の原価のうち6,000千円を支払うため、サブが出資した。			
現金預金　2,400	立替金（JV）　2,400	工事未払金　2,400	現金預金　2,400
6．現金による支払：JVは上記5の資金により支払を行った。			
工事未払金　6,000	現金預金　6,000	仕訳なし	
7．手形による出資：上記4の原価のうち2,000千円を支払うため、サブが手形により出資した。			
受取手形　800	立替金（JV）　800	工事未払金　800	支払手形　800
8．手形による支払：JV（スポンサー）は、上記7の手形により支払を行った。			
工事未払金　2,000	受取手形　800 支払手形　1,200	仕訳なし	
9．手形の決済：上記8の手形が決済された。			
支払手形　1,200	現金預金　1,200	支払手形　800	現金預金　800
10．工事の完成及び引渡し：工事が完成し、発注者に引き渡した。			
完成工事原価　4,800 未成工事受入金1,800 完成工事未収入金 4,200	未成工事支出金4,800 完成工事高　6,000	完成工事原価　3,200 未成工事受入金1,200 完成工事未収入金 2,800	未成工事支出金3,200 完成工事高　4,000
11．JV会計の清算：JVの決算を行った。			
仕訳なし		仕訳なし	
12．請負代金の精算：請負代金のうち残額が入金され、サブに分配した。			
現金預金　7,000	完成工事未収入金 4,200	現金預金　2,800	完成工事未収入金 2,800

	預り金（JV）　2,800		
預り金（JV）　2,800	現金預金　2,800		
13. 口座の解約と利息の処理：JVで使用した口座を解約し、預金利息300千円を受け取りサブに分配した。			
現金預金　240	受取利息　180		
仮払源泉税　36	預り金（JV）　96		
預り金（JV）　96	現金預金　96	現金預金　96	受取利息　120
		仮払源泉税　24	
参考：工事施工中に決算を迎えた場合			
仕訳なし		仕訳なし	
JVでは、手形の振出ができないことから、実務上は、スポンサーが代表して手形を作成し、それをJVの支払に充てることが多い。この場合には、上記7～9の仕訳は次のとおりとなる。			
7．手形による出資：上記4の原価のうち2,000千円を支払うため、サブが手形により出資した。			
受取手形　800	立替金（JV）　800	工事未払金　800	支払手形　800
8．手形による支払：JV（スポンサー）は、上記8の手形により支払を行った。			
工事未払金　2,000	支払手形　2,000	仕訳なし	
9．手形の決済：上記8の手形が決済された。			
支払手形　2,000	現金預金　2,000	支払手形　800	現金預金　800
現金預金　800	受取手形　800		

（注）　JVを独立会計としない場合の会計処理としては、上記のように取引の都度スポンサーとサブの持分に分ける処理（逐次持分把握法）と取引時は、スポンサーがJV全体を処理しておき、期末にスポンサーとサブの持分に分ける処理（決算持分把握法）がある。

5．その他の注意事項

(1)　出資金の会計処理

JVの事業にかかる資金の調達は、各構成員の出資により、その出資の割合は、各構成員の持分割合によります。スポンサー会社は、出資収支予定表に基づき、各構成員に出資金の請求を行い、各構成員はこの請求に基づき出資を行うことになります。この出資は、通常、現金または手形によって行われます。

この出資金の会計処理は、スポンサー会社が自主システムに取り込む方式を採用している場合、次のような処理が考えられます。

○スポンサー会社

①　サブ会社勘定に計上する。　　　「○○会社出資金」など

②　サブ会社預り金に計上する。　　「○○会社預り金」など

○サブ会社

①　スポンサー会社勘定または、仮払金勘定に計上する。

②　未成工事支出金勘定に計上する。

いずれの処理を行っても、スポンサー会社から送付される工事費明細によって、最終的には、適切な工事原価に振り替えなければなりません。

⑵　協定原価の会計処理

JV工事においても、単独工事と同様に実行予算を作成し、これに基づいて予算管理が行われなければなりません。ただし、JV工事の場合、異なる企業の集合体によって行われる工事であり、各構成企業の工事原価システムが異なっているため、JVで負担する原価と各構成員が負担する原価を明確に区分しておく必要があります。このJVで負担する原価を協定原価といい、共同企業体としての不必要な原価の発生を防止し、適切な予算管理を行うために、事前に協定原価の範囲を取り決めておくことが肝要です。

一般的な協定原価の代表的な例はJVの派遣職員の人件費であり、給与、手当などを経理取扱規則で具体的に決めておく必要があります。また、次のような原価は、一般的に協定原価に算入しないものとされています。

ａ．派遣社員等の賞与、退職金、慶弔見舞金

ｂ．共同企業体に直接関係のない各構成員の管理部門経費および社内金利

ｃ．その他運営委員会で定めたもの

⑶　JVの決算

JV工事の決算は、JV工事が完成しJVを解散するときに行われます。したがって、会社の決算のように年度ごとに行うことはせずに、解散時に１回だけ実施されます。JV工事の決算の目的は、JVの所有するすべての資産・負債を整理し、JVによる損益を各構成員に配分することにあります。

ただし、「工事契約会計基準」の制定により、収益の認識について工事進行基準が基本となりました。JV構成員のなかに、工事進行基準を適用している企業が含まれる場合、当該企業の決算期末において工事進捗に関するデータを収集するためには、JVの会計において、それに必要となる会計データの構築が必要となります。その点は、新たな建設工事に関する会計基準の設定以降、JVの会計においても十分に考慮しておかなければならない課題です。

JVの決算は、一般的には次のような手続きをとります。

①　決算勘定の整理

完成工事未収入金、工事未払金、仮払金、仮受金などの未精算勘定はすべて整理する。

②　残余資産の売却処分

残存する資材、機械などは運営委員会の承認を得て処分する。

③　工事原価の確定

JVの解散までに発生する見込みの原価を見積り工事原価を確定する。

④　決算書の作成

JVの決算書の様式には特に取り決めはないが、各構成員会社がそれぞれ決算に取り込むために必要な情報が記載されなければならない。

⑷　完成工事高の計上

JVの完成工事高の計上額については、出資割合（持分）に応じた金額等を計上することと決められています。具体的には次のとおりです。

JVによる実績の個別企業への反映については、次により算出した額を各構成員の完成工事高として取り扱うものとします。

イ．甲型共同企業体の場合　　請負代金額に各構成員の出資の割合を乗じた額

ロ．乙型共同企業体の場合　　運営委員会で定めた各構成員の分担工事額

（共同企業体の事務取扱いについて：昭和53年３月建設省計振発第11号）参照。

JV工事の場合、各構成会社は、対等の立場に立って工事を施工し、出資割合に応じた工事量を施工しますので、その工事量に対応した完成工事高を計上

するのが適正な会計処理です。また、分担施工方式のJVについては、その施工した部分の完成工事高を計上することになります。

6．JV会計の財務諸表

JV会計で使用される一般的な決算書を例示しておきます。

①　貸借対照表

貸借対照表
（平成○年○月○日）

資産の部		負債の部	
完成工事未収入金		工事未払金	
未収出資金		未払分配金	
未収入金			
立替金			
合計		合計	

②　損益計算書

損益計算書
（自 平成○年○月○日　至 平成○年○月○日）

完成工事高	
完成工事原価	
完成工事総利益	
工事利益率	

③　完成工事原価報告書

完成工事原価報告書
（自 平成○年○月○日　至 平成○年○月○日）

科　　　目	金額（税込み）	消費税	原　価
材　料　費			
労　務　費			
外　注　費			
経　　　費 福利費 交際費 〃			
合　　　計			

④　明細書

材料費内訳

科　　　目	金額（税込み）	消費税	原　価
木　　　材			
鋼　　　材			
セメント・土石			
そ　の　他			
合　　　計			

Ⅲ 建設業会計知識の腕だめし―経理検定試験に挑戦！

建設業界における経営において、そのインフラとしての経理（会計）の果たす役割は大きいと考えます。その意味において、一般財団法人 建設業振興基金（旧、財団法人 建設業振興基金）の実施する経理検定試験である「建設業経理事務士検定試験（４級、３級）」と「建設業経理士検定試験（２級、１級）」の制度は、30年以上の歴史の中で、重く意義ある役割を果してきたといえましょう。ここでは、本書の趣旨と深く関わるこの制度の概要についてコメントしておくことにします。大いに活用していただくことを期待しています。

１．経理検定制度の創設と制度の概要

財団法人 建設業振興基金（当時）は、1981年（昭和56年）、「**建設業経理事務士**」の検定試験制度を創設しました。その趣旨は、当時の実施案に次のように明記されています。

「建設業界における簿記会計知識の普及と会計経理処理能力の向上を図り、建設業の経営の合理化、近代化の推進に寄与することを目的として、建設業経理事務士検定を実施する。」

わが国においては、当時、企業一般の会計経理能力の検定試験として「日本商工会議所簿記検定試験」（１級～４級）がありましたが、建設業会計固有の特性に配慮して、あえて建設業界のための経理検定試験が創設されたものと考えます。

創設時の1981年度（昭和56年度－第１回）は、３級と４級の検定試験が実施され、その後、1982年度（第２回）に２級、1984年度（第４回）に１級財務諸表、1985年度（第５回）に１級財務分析、1986年度（第６回）に１級原価計算と、順次実施され現在に至っています。具体的な試験内容については次を参照してください。

建設業経理事務士の資格とその能力は、当初から、企業内部において建設業

会計の知識・処理能力の向上を図り、これをもって建設業経営の発展を期待されていたのであり、わが国経済環境の状況に鑑みれば、その制度創設はまさに卓見に基づく英断であったと評価し得ましょう。

その後、建設業経理事務士の資格は、1994年（平成６年）、その役割を大きく発展させる制度が加わることとなりました。すなわち、公共工事の入札に関わる企業の経営状況評価として定着していた「経営事項審査」（経審）の評価項目に加わり、所定の資格を有する者の所属する企業において加点評価されることとなったのです。

周知のように、経審の評価項目は大きく４つに区分されていますが、建設業経理事務士（現在の建設業経理士）の資格は、その区分の社会性等(W)の１項目に加えられることとなったのです。これにより、「技術と経営に優れた企業」が伸びられる環境作りにおける経営を担うものとして建設業経理事務士は、業界内で公式的に認知されるとともに大きく活用されることとなったといえましょう。

当然のことながら、建設業経理事務士試験の受験者はまさにうなぎ登りの様相を呈して、制度創設の趣旨が急速に進展することとなりました。

その後、建設業界への建設業会計の浸透は、建設業経理事務士試験の制度を通じて順調に推移していましたが、21世紀に入り、国家的に旧来の経済・社会システムへ構造変革のメスが加えられることと軌を一にして、この制度も少なからぬ改革が具現化しはじめました。

まず、2001年（平成13年）、公益法人の実施する検定試験制度とはいえ、所管省庁の長（大臣）がそのお墨付きを与えることは好ましくないとする一般的な方針から、当試験の大臣認定を取りやめることとなりました。しかしながら、業界への浸透の重要性に鑑み、経営事項審査との関係を維持すべく、これを建設業法施行規則に位置付けることとなり、同規則第19条「経営事項審査の項目及び基準」において、「経理知識審査等事業」として建設業経理事務士試験を定義することとなりました。

さらに、2005年11月に開催された中央建設業審議会は、建設業経理事務士の検定試験制度は、平成18年４月以降、いわゆる民間にも開放された「**登録経理試験**」として実施すること、および継続して経営事項審査における客観的評価項目とすることを決定しました。これを受け、同年12月、「建設業法施行規則」は、関係の条文を改正しました。

ここに確認できることは、(財)建設業振興基金（当時）が1981年（昭和56年）に開始した「建設業経理事務士」の試験およびその資格に関する制度は、改革と転換の方向を模索しながらも、創設当時から強調した趣旨を継続して実施する道筋が敷設されたということです。本制度のさらなる進展が期待されます。

２．現行制度のスキーム

現行の建設業経理事務士・建設業経理士検定試験制度は、建設業経理に関する知識と処理能力の向上を図ることを目的として、一般財団法人 建設業振興基金によって実施されています。その趣旨は、スーパーゼネコンを頂点とする上場建設会社から工事現場における施工を担当する専門的企業にまで及ぶことはいうまでもありませんが、現実的な要請は、公認会計士による外部監査の及ばない非上場の中小企業に求められているといってよいと考えます。毎年の試験の実施において、全国建設業協会、全国中小建設業協会、専門工事業全国団体等がその協賛の任にあたっていることでもそのことを知ることができるでしょう。

現在実施されている１級、２級、３級、４級において求められている水準は、次のとおりです。

１級　上級の建設業簿記、建設業原価計算および会計学を修得し、会社法その他の会計に関する法規を理解しており、建設業の財務諸表の作成およびそれに基づく経営分析が行えること。

２級　実践的な建設業簿記、基礎的な建設業原価計算を修得し、決算等に関する実務を行えること。

３級　基礎的な建設業簿記の原理および記帳ならびに初歩的な建設業原価計算を理解しており、決算等に関する初歩的な実務を行えること。

4級　初歩的な建設業簿記を理解していること。

初歩から上級に至るいずれの級の水準においても、建設業固有の簿記・会計・原価計算・財務分析の存在を認識し、それらの能力検定が実施されていることが理解されましょう。

建設業は、多額の公的な資金（税金等）を使用する公共工事に依存する部分が多いため、企業活動につき、自らが説明していく責任を負っているといえます。これは、通常の業種よりも高いレベルでの説明責任であり、建設業の社会的使命であるともいえます。これらを実行するためには、業界の特性に精通し、建設業会計知識を修得することが不可欠です。

また、公共投資が漸減し、景気の様相とはかかわりなく生き抜くためには、企業自らが、経営全般につき見直しを行い、財政基盤を改善していくことが必要です。これらを実行するためには、計数的な知識が必要であり、企業経営の本質的な改善が求められます。その業務の中核に建設業経理事務士もしくは建設業経理士がいる、と考えなければなりません。建設業の経理検定の担う役割は今後ますますその重要性をましていくものと考えます。

3．現代における経理検定制度の役割

建設業の経理検定制度は、創設当初の意義に加え、近年ますますその役割の重要性を増し、新たな建設業界像の構築に十全の役割を果たすことが期待されます。その役割を次のようにまとめることができましょう。

1．個々の建設企業における「良き経営」に資する会計システムの構築・改善に中心的な役割を果たすこと。

建設業経理士に期待される最も重要な役割といえよう。建設業界においては、形成と成長の経緯から、経営管理（マネジメント）能力を高め充実させることに必ずしも十分な関心が注がれてこなかった。しかし、現代の建設業に求められるものは、まず第一に、市場競争原理の中で生きる他の産業と同等、同質のマネジメント能力を醸成し、健全な競争下にある企業が中心的な構成員として生育することである。

そのような基幹業務が経理・会計であることに他言を要しない。

２．公共工事に関係するとともに、国民（個人および企業）の個々の大きな投資を受け止めるに「信頼にたる経営」をする企業として、適切なアカウンタビリティ（会計情報による説明責任）を促進する中心的な役割を果たすこと。

すでに経営事項審査において、建設業経理士は、評価の対象となっている。そこに求められているものは、経営評価の多くの要素が会計情報をベースとしたものになっていること、それらの信憑性を高めるためには企業内部の会計専門家が存在する必要があることである。

今後検討されるべき建設業の経営評価制度においては、企業内部におけるコンプライアンス意識の向上とそれを支える建設業経理士の役割を、より強調する方向が具体化されることが望ましい。

３．建設業会計を通じ、建設業界全体のマネジメント革新を実現するべきコアの人材として然るべき役割を果たし、わが国経済の基幹産業に相応しい業界の構造改革を達成すること。

現今の、建設業界に求められている再編・再生の動向は、会計情報の適切な構築とその分析に依存すること大なるものがある。公認会計士等の企業外部の評価とともに、企業内部の専門家による的確な判断が不可欠である。地域経済に依存することの多い非上場の建設企業においても、会計データの的確な把握と分析による方向の示唆が求められている。

＊　　　　＊

いずれの事項においても、建設業界固有の能力検定資格である経理検定業務の果たすべき役割は大きいものがあります。学習のための参考書には、次のものがあります。

［経理検定試験のための学習書］

「建設業会計概説―１級（財務諸表）」

「建設業会計概説―１級（原価計算）」

「建設業会計概説―１級（財務分析）」

「建設業会計概説―２級」

「建設業会計概説―３級」

「建設業会計概説―４級」

「建設業経理士検定試験　問題集・解答＆解説（１級・２級）」

いずれも、検定試験の実施機関である一般財団法人 建設業振興基金が監修し、本書の発行元である一般財団法人 建設産業経理研究機構が編集・発行しているものです。会計基準や建設業法・同施行規則などの改正があったときや企業会計を取り巻く環境の変化があった場合には、逐次改訂していますので、読んでいただくには新しい版のものが適切と思います。

〈練習問題〉と〈総合演習問題〉の解答

〈練習問題〉と〈総合演習問題〉の解答

〈練習問題〉解答

【16ページ】

(1)

1. (○)

2. (○)

3. (○)

4. (×)(注. 店員が働いて労働の対価を受領する権利が生ずるとき、「簿記上の取引」になります。)

5. (○)

(2)

	借方		貸方
1.	費用(給料)の発生	—	資産(現金)の減少
2.	資産(備品)の増加	—	資産(現金)の減少
3.	資産(現金)の増加	—	資本(資本金)の増加
4.	負債(借入金)の減少 費用(支払利息)の発生	—	資産(現金)の減少
5.	資産(現金)の増加	—	収益(手数料)の発生

【19−20ページ】

〈仕訳〉

	借方科目	金 額	貸方科目	金 額
4/5	現 金	800,000	資 本 金	800,000
4/6	普通預金	300,000	現 金	300,000
4/8	備 品	380,000	現 金	380,000
4/10	通 信 費	28,000	現 金	28,000
4/15	広 告 費	50,000	現 金	50,000
4/16	現 金	200,000	借 入 金	200,000
4/20	給 料	180,000	現 金	180,000
4/26	現 金	200,000	普通預金	200,000
4/28	貸 付 金	100,000	現 金	100,000
4/30	現 金	240,000	受取手数料	240,000

【22－23ページ】

〈仕訳〉

	借方科目	金　額	貸方科目	金　額
10／1	現金	500,000	資本金	500,000
10／2	現金	200,000	借入金	200,000
10／3	備品	250,000	現金	250,000
10／8	現金	100,000	受取報酬	100,000
10／12	普通預金	100,000	現金	100,000
10／18	普通預金	50,000	受取報酬	50,000
10／24	交通費	7,000	現金	7,000
10／29	支払家賃	20,000	現金	20,000

〈勘定記入〉

現金	
500,000	250,000
200,000	100,000
100,000	7,000
	20,000

普通預金	
100,000	
50,000	

備品	
250,000	

借入金	
	200,000

資本金	
	500,000

受取報酬	
	100,000
	50,000

交通費	
7,000	

支払家賃	
20,000	

【23－24ページ】

〈出来事（取引）の説明〉

3月1日	現金1,000,000円を元入れして事業を開始した。
3月5日	備品を450,000円で購入し、現金で支払った。
3月8日	友人より現金600,000円を借り入れた。
3月10日	業務の報酬280,000円を現金で受け取った。
3月12日	現金のうち800,000円を普通預金に預け入れた。
3月15日	交通費45,000円を現金で支払った。
3月22日	給料140,000円を現金で支払った。
3月23日	通信費25,000円を現金で支払った。
3月30日	借入金の元金250,000円とその利息10,000円を現金で支払った。

【27ページ】（1）

合計残高試算表　　（単位：円）

借方 残高	借方 合計	勘定科目	貸方 合計	貸方 残高
63,100	(**276,800**)	現金	213,700	
(**109,600**)	508,100	当座預金	398,500	
646,000	646,000	建物		
165,700	211,700	備品	(**46,000**)	
	336,000	借入金	459,000	(**123,000**)
	(**48,000**)	未払金	102,800	54,800
		資本金	650,000	650,000
		受取手数料	517,300	(**517,300**)
189,400	189,400	給料		
34,600	34,600	通信費		
70,200	(**70,200**)	交際費		
49,800	49,800	会議費		
16,700	(**16,700**)	消耗品費		
(**1,345,100**)	2,387,300		(**2,387,300**)	1,345,100

（注）　空欄を埋める解答部分は、太字で記入している。

【28ページ】（2）

残高試算表　　（単位：円）

借方	元丁	勘定科目	貸方
334,000	1	現金	
340,000	5	売掛金	
40,000	9	商品	
480,000	13	備品	
	21	買掛金	220,000
	25	資本金	940,000
	31	商品販売益	195,000
96,000	41	給料	
39,000	43	旅費交通費	
19,000	47	広告料	
7,000	49	消耗品費	
1,355,000			1,355,000

【29ページ】(3)

残高試算表　　　(単位：円)

借　方	勘定科目	貸　方
123,200	現金	
487,500	普通預金	
150,000	未収金	
	未払金	48,200
	借入金	265,000
	資本金	400,000
	受取手数料	894,300
	受取利息	13,900
410,500	給料	
294,100	旅費交通費	
124,400	通信費	
31,700	支払利息	
1,621,400		1,621,400

【32−33ページ】(1)

精　算　表
(×年3月31日)　　　(単位：円)

勘定科目	残高試算表		損益計算書		貸借対照表	
	借方	貸方	借方	貸方	借方	貸方
現金	230,000				230,000	
普通預金	345,000				345,000	
未収金	425,000				425,000	
建物	500,000				500,000	
備品	100,000				100,000	
未払金		410,000				410,000
借入金		200,000				200,000
資本金		900,000				900,000
受取報酬		250,000		250,000		
受取手数料		3,000		3,000		
給料	124,000		124,000			

通信費	12,000		12,000			
支払家賃	16,000		16,000			
雑費	5,000		5,000			
支払利息	6,000		6,000			
当期純利益			**90,000**			**90,000**
	1,763,000	1,763,000	253,000	253,000	1,600,000	1,600,000

【33－34ページ】(2)

精　算　表　　(単位：円)

勘定科目	残高試算表		損益計算書		貸借対照表	
	借方	貸方	借方	貸方	借方	貸方
現　　金	56,000				56,000	
普通預金	480,000				480,000	
当座預金	239,000				239,000	
有価証券	450,000				450,000	
貸 付 金	150,000				150,000	
建　　物	2,890,000				2,890,000	
備　　品	628,000				628,000	
借 入 金		1,130,000				1,130,000
前 受 金		291,000				291,000
未 払 金		384,000				384,000
資 本 金		2,700,000				2,700,000
受取手数料		4,869,000		4,869,000		
受取利息		52,000		52,000		
給　　料	1,845,000		1,845,000			
旅費交通費	798,000		798,000			
広告宣伝費	607,000		607,000			
消耗品費	386,000		386,000			
通 信 費	409,000		409,000			
支払家賃	360,000		360,000			
支払利息	128,000		128,000			
当期純利益			**388,000**			**388,000**
	9,426,000	9,426,000	4,921,000	4,921,000	4,893,000	4,893,000

〈コメント〉

1．資本金の計算は、次のように試算表の欄の貸借差額によって求めます。

借方合計9,426,000円－貸方合計6,726,000円＝資本金2,700,000円

2．次に示す箇所の金額は、必ず貸借一致しなければなりません。

(1) 試算表、損益計算書、貸借対照表の欄の各々の借方合計と貸方合計の金額

(2) 貸借対照表と損益計算書の当期純利益（赤字の場合は当期純損失）の金額

〈総合演習問題〉解答

【35－37ページ】

〈仕訳〉

	借方科目	金額	貸方科目	金額
5／1	現金	500,000	資本金	500,000
5／3	備品	230,000	未払金	230,000
5／6	普通預金	100,000	現金	100,000
5／7	旅費交通費	15,000	現金	15,000
5／11	普通預金	80,000	受取報酬	80,000
5／15	支払家賃	65,000	現金	65,000
5／20	現金	200,000	借入金	200,000
5／23	給料	130,000	現金	130,000
5／25	事務用品費	26,000	現金	26,000
5／26	水道光熱費	38,000	現金	38,000
5／28	普通預金	450,000	受取報酬	450,000
5／29	未払金	230,000	普通預金	230,000
5／30	支払利息	5,000	現金	5,000
5／31	交際接待費	14,000	未払金	14,000
〃	未収金	50,000	受取報酬	50,000

（注） 5／3に備品を購入しましたが、代金は支払っていませんので「未払金」（負債）で処理しておきます。

5／29に請求書が届いて支払をしたので、ここで「未払金」の残高を消します。

〈勘定記入〉

現　金	
500,000	100,000
200,000	15,000
	65,000
	130,000
	26,000
	38,000
	5,000

普通預金	
100,000	230,000
80,000	
450,000	

受取報酬	
	80,000
	450,000
	50,000

備　品	
230,000	

借入金	
	200,000

未払金	
230,000	230,000
	14,000

資本金	
	500,000

給　料	
130,000	

旅費交通費	
15,000	

水道交通費	
38,000	

事務用品費	
26,000	

支払家賃	
65,000	

交際接待費	
14,000	

支払利息	
5,000	

未収金	
50,000	

〈精算表〉

精　算　表
（×年５月31日）　　　　　　（単位：円）

勘定科目	残高試算表		損益計算書		貸借対照表	
	借方	貸方	借方	貸方	借方	貸方
現　　金	321,000				321,000	
普通預金	400,000				400,000	
未収金	50,000				50,000	
備　　品	230,000				230,000	
未払金		14,000				14,000
借入金		200,000				200,000
資本金		500,000				500,000
受取報酬		580,000		580,000		
給　　料	130,000		130,000			
旅費交通費	15,000		15,000			

水道交通費	38,000		38,000			
交際接待費	14,000		14,000			
事務用品費	26,000		26,000			
支払家賃	65,000		65,000			
支払利息	5,000		5,000			
当期純利益			**287,000**			**287,000**
	1,294,000	1,294,000	580,000	580,000	1,001,000	1,001,000

〈練習問題〉解答

【41－42ページ】

精　算　表　　　　(単位：円)

勘定科目	残高試算表		整理記入		損益計算書		貸借対照表	
	借方	貸方	借方	貸方	借方	貸方	借方	貸方
現金	45,000						45,000	
普通預金	530,000						530,000	
有価証券	360,000						360,000	
備品	1,609,000						1,609,000	
借入金		862,000						862,000
資本金		1,350,000						1,350,000
受取手数料		2,937,000		50,000		2,987,000		
受取利息		24,000	14,000			10,000		
給料	951,000		85,000		1,036,000			
交通費	568,000				568,000			
通信費	302,000				302,000			
保険料	36,000				36,000			
消耗品費	295,000			68,000	227,000			
支払家賃	420,000			34,000	386,000			
支払利息	57,000				57,000			
	5,173,000	5,173,000						
未払給料				85,000				85,000
前払家賃			34,000				34,000	
未収手数料			50,000				50,000	
前受利息				14,000				14,000

未使用消耗品			68,000				68,000	
当期純利益					**385,000**			**385,000**
			251,000	251,000	2,997,000	2,997,000	2,696,000	2,696,000

〈コメント〉

1．資本金の計算

試算表（残高試算表）の「資本金」は、借方と貸方の資本金以外の勘定科目の合計金額の差額で計算します。

借方合計 5,173,000円－貸方合計 3,823,000円＝1,350,000円

2．期末整理記入の仕訳

	借　　方		貸　　方	
1	給料	85,000	未払給料	85,000
2	前払家賃	34,000	支払家賃	34,000
3	未収手数料	50,000	受取手数料	50,000
4	受取利息	14,000	前受家賃	14,000
5	未使用消耗品	68,000	消耗品費	68,000

3．精算表の完成手順

⑴ 勘定科目とそれに対応する期末残高として示された金額を「試算表」（残高試算表）に記入します。

その際、資産→負債→資本（純資産）→収益→費用、の順で記入していくと後の作成が容易になります。

⑵ 試算表（残高試算表）欄の借方と貸方の合計が一致することを確認します。

⑶ 整理事項に従って、「整理記入」の欄に、2．の仕訳どおりの記入を行います。

⑷ まず、「損益計算書」を作成するために、試算表と整理記入に記載された数値を加減しながら、「収益」に属するものと「費用」に属するものを右に移記していきます。

⑸ 損益計算書の貸借数値の合計金額は合いません。これが「当期純利益」です。

もし、収益合計金額より費用合計金額のほうが大きければ、その差

額は「当期純損失」になります。

(6) 最後に、残された「貸借対照表」の項目を右の2つの欄に移記します。整理記入で新たに加えた勘定科目の金額の移記も忘れないでください。

また、損益計算書で計算した当期純利益を、貸借対照表の差額金額として記入します。

【44－45ページ】

(1)

（A）	イ	430,000	ロ	630,000	ハ	200,000	ニ	884,000
	ホ	650,000	ヘ	290,000				
（B）	イ	400,000	ロ	1,610,000	ハ	1,290,000	ニ	350,000
	ホ	1,010,000	ヘ	700,000				

(2) 問1　1,455,000円　　問2　592,000円　　問3　1,151,000円

◈著者紹介

東海　幹夫（とうかい　みきお）

〈現　在〉　青山学院大学名誉教授、一般財団法人 建設産業経理研究機構 代表理事

〈略　歴〉　青山学院大学経営学部教授、日本原価計算研究学会常任理事、建設産業経理研究所所長などを歴任

〈著書等〉　『新版 会計プロフェッションのための原価計算・管理会計』（清文社、2010年）
『改訂 実践 工事進行基準の戦略的活用方法』（共著、清文社、2009年）
「工事収益認識における原価計算の役割に関する一考察」（『産業経理』66巻１号（2006年））　など

尼崎　清剛（あまさき　きよたか）

〈現　在〉　株式会社建設経営サービス コンサル・調査事業本部 上席調査役

〈略　歴〉　一般財団法人建設業振興基金 建設業経理事務士特別研修講師、東京建設業協会財務会計部会委員などを歴任

〈著書等〉　『建設業のためのＱ＆Ａ（経営事項審査編）』（共著、東日本建設業保証、2006年）
『建設業・経営革新』（共著、日本コンサルタントグループ、2002年）
『建設業 経常ＪＶと合併』（共著、日本コンサルタントグループ、1998年）　など

土井　直樹（どい　なおき）

〈現　在〉　一般財団法人 建設産業経理研究機構 研究主幹

〈略　歴〉　一般財団法人建設業振興基金 経理研究試験部 上席調査役、明海大学不動産学部非常勤講師などを歴任

〈著書等〉　『工事契約会計』（共著、清文社、2008年）
『Q&A 建設業経理の実務』（共著、大成出版社、2003年）
『JV の会計指針』（共著、大成出版社、2002年）　など

伊藤　慎治（いとう　しんじ）

〈現　在〉　一般財団法人 建設産業経理研究機構 研究主任

〈略　歴〉　一般財団法人建設業振興基金 建設業経理事務士特別研修講師などを歴任

〈著書等〉　『４級建設業経理事務士 特別研修テキスト』（共著、建設業振興基金、2014年）　など

一般財団法人 建設産業経理研究機構
Foundation for Accounting Research in Construction Industry

建設産業経理研究機構は、建設業経理に係る諸問題を検討し、その成果等に関する情報を提供することにより、建設業者の経理の適正化、人材育成を図り、経営の強化に資することを目的として設立された調査研究機関です。

次の業務を実施しています。

(1) 建設業経理検定試験のための「概説書」等を含む書籍の発刊
(2) 当機構の機関誌の発刊
(3) 建設業経理等に係る各種の調査研究
(4) 建設業経理等に係る各種のコンサルティング
(5) 建設業経理等に係る講演会、セミナー等の開催
(6) 建設業経理等に係る情報システム等の構築と普及
(7) その他関連する業務

初めての人(はじめてのひと)でもわかる
[入門] 建設業会計の基礎知識

2016年1月28日　初版発行
2022年4月15日　第5刷発行

編　者　一般財団法人 建設産業経理研究機構 ©
発行者　小泉 定裕

発行所　株式会社 清文社
東京都文京区小石川1丁目3－25（小石川大国ビル）
〒112-0002　電話03(4332)1375　FAX03(4332)1376
大阪市北区天神橋2丁目北2－6（大和南森町ビル）
〒530-0041　電話06(6135)4050　FAX06(6135)4059
URL https://www.skattsei.co.jp/

印刷：亜細亜印刷㈱

ISBN978-4-433-57365-2